アグリカルチャー4.0の時代

デジタル・トランスフォーメーション
農村DX革命

日本総合研究所
三輪泰史・井熊 均・木通秀樹 著

日刊工業新聞社

はじめに

　日本の農業は大きな変化の時を迎えている。右肩下がりが続いてきた農業産出額は直近3年連続で上向き、明るい兆しが見えてきた。また、全国で儲かる農業の好事例が生まれ、新たに農業を志す方々のお手本となっている。他方で、農業就業人口は減少の一途をたどり、2030年には「農業者100万人時代」を迎える。日本農業がV字回復するのか、それともこのまま転落してしまうのか。日本農業は重要な分水嶺に立っている。

　日本農業の未来を背負っているのが、AI/IoT等の先進技術を駆使したスマート農業である。産官学の積極的な技術開発を受け、自動運転トラクター、農業ロボット、農業用ドローン、生産管理システム等、この数年で多種多様な商品・サービスが実用化し、まさに百花繚乱となっている。スマート農業は労働力やノウハウの不足を補う、農業者を支える欠かせない存在となっていく。農業現場にとっては、トラクター等の農機が搭乗した時以来の大きな変化とも言えよう。

　ただし、スマート農業だけで日本農業の問題がすべて解決されるわけではない。それは農村地域の抱える課題だ。農業への関心の高まりを受け、若者やＵターン・Ｉターン人材等、さまざまな方が新規就農や農村移住を志している。これらの新たな人材は、人口減少や高齢化により徐々に活力を失いつつある農村地域にとっては、未来への希望といっても過言ではない。しかし残念なことに、農業と地域の現場の課題を紐解くと、農業や田舎暮らしに憧れる方の多くが、農業の難しさや田舎の不便さゆえに短期間でギブアップしている状況が見えてくる。

　農業を起点に活気ある地域を創るには、農業と農村全体をデジタル化し、儲かる農業と住みやすい農村を両立させることが重要である。SNS

やインターネット販売といったデジタル化の波は、「農村＝不便」という固定観念を打破できる可能性を秘めている。デジタル技術により農村の不便さを解消することで、農村本来の魅力を再発見できる。さらにAI/IoTは、地域の農業ビジネス、インフラ、エネルギー、流通、生活サービス等の抜本的な改善・向上に貢献すると期待される。

　本書では次世代の農業・農村の姿を実現するためのデジタル化戦略として、「農村デジタルトランスフォーメーション（農村DX）」という新たなコンセプトを提唱し、具体的な実現策を示している。農村デジタルトランスフォーメーションにより、農業・農村全体をデジタル化し、「儲かるビジネスがあり、かつ住みやすい農村」を実現することで、日本の農業・農村はより魅力的な存在となる。

　スマート農業、AI/IoT、そして地域活性化に対する関心が高まる中、本書の内容が、高い志を持った農業者やビジネスパーソンに対して少しでもお役に立てば、筆者としてこの上ない喜びである。

　本書は株式会社日本総合研究所・創発戦略センターの井熊均所長及び木通秀樹シニアスペシャリストとの共同執筆である。豊富な経験と鋭い発想力を基に、農村デジタルトランスフォーメーションのコンセプト検討及びアイデアの具体化にご尽力頂いたことに感謝申し上げる。

　本書の企画、執筆に関しては新日本編集企画の鷲野和弘様に丁寧なご指導を頂いた。この場を借りて厚く御礼申し上げる。

　最後に、筆者の日頃の活動にご支援、ご指導を頂いている株式会社日本総合研究所に対して心より御礼申し上げる。

2019年4月

　　　　　　　　　　　株式会社日本総合研究所　創発戦略センター
　　　　　　　　　　　　　　　　　　　　　　　三輪　泰史

目　次

はじめに …………………………………………………………………… Ⅰ

パートⅠ　ターニングポイントを迎えた日本農業

1. 日本農業の『現在地』

（1）積極的な農業政策による農業産出額の増加 ………………… 2

回復の兆しが見えてきた日本農業／アベノミクスの一環として進展する農業の成長産業化／激変する農業マーケット／世界に広がる日本農業のチャンス

（2）2030年、農業者100万人時代に ……………………………… 9

とまらない農業者の高齢化と離農／離農に伴い増加する耕作放棄地／2035年、農業者100万人時代に／農業者100万人で農業生産を維持するためには

2. 農業参入と法人化で加速する農業の"ビジネス化"

（1）農業のビジネス化の加速 ～農業参入企業と農業法人の急増～ … 15

規制緩和により急増する農業参入／農産物の需要家が農業参入する垂直統合型／異業種から参入する水平展開型／農業法人化により農業者がビジネスパーソンに

（2）"儲かる農業ビジネス"が日本農業の試金石 ……………… 20

"儲かる農業ビジネス"が合言葉に／全国で台頭する"スター農業経営者"／異業種のノウハウを持ち込んだ成功者

（3）農業ビジネスを支える政策、制度 …………………………… 26

規制緩和が効果を発揮した農業参入／農地確保を容易にするための政策／最新技術の研究開発・普及の推進政策／金融面からの農業ビジネスの支援策

3. ここまで来たスマート農業

（1）スマート農業技術の分類

①スマート農業の『眼』………………………………………… 32

目　次

　　　　ドローンや人工衛星を活用した農地のリモートセンシング／農地セ
　　　　ンサーを活用した栽培環境のセンシング／糖度センサーや含水率セ
　　　　ンサーによる農産物の品質の見える化
　②**スマート農業の『頭』**……………………………………………… 36
　　　農業でPDCAを可能にする生産管理システム／日本中の農業者がつ
　　　ながる「農業データ連携基盤」／AIを活用した病害虫診断システム
　　　／農業データの活用事例〜収穫予測シミュレーション〜
　③**スマート農業の『手』**……………………………………………… 43
　　　商品化が始まった自動運転農機／低価格化が至上命題の単機能型農業
　　　ロボット／自律多機能型農業ロボット"MY DONKEY"／機能向上が
　　　進む農作業用ドローン／稲作のヒット商品"水田自動給排水バルブ"

(2) **政策の1丁目1番地となったスマート農業** ……………… 52
　　スマート農業推進の2本柱〜集中的な技術開発と継続的な規制緩和／技
　　術開発政策①：スマート農業を実用段階に引き上げた内閣府SIP／技術
　　開発政策②：成功事例を生み出すためのスマート農業加速化実証プロ
　　ジェクト／新技術の社会実装を後押しする規制緩和とガイドライン作成

(3) **農業を魅力的な産業にするためのアグリカルチャー4.0** … 59
　　農業の歴史の最先端にある「アグリカルチャー4.0」／アグリカル
　　チャー4.0の第1のポイント：儲かる農業／アグリカルチャー4.0の第2
　　のポイント：皆ができる農業

パートⅡ　農村デジタルトランスフォーメーション

4. デジタルトランスフォーメーションが　　農業を魅力ある産業に

(1) **アグリカルチャー4.0の進化のプロセス**………………… 66
　　アグリカルチャー4.0を農業から農村へ／AI/IoTが解決策／アグリカル
　　チャー4.0の進化の4ステップ／ステップ③ 安心できる農業／ステップ
　　④ ラストリゾートとしての農業・農村／デジタル技術が支える新たな
　　農業・農村の姿

(2) **農村DXとは** ………………………………………………… 75
　　デジタル技術を駆使して構造変革を起こすのがDX／DXを構成する四
　　つの要素／ポテンシャル高い農村のDX

目次

(3) 農村DXで"CASE"を起こす ……………………… 82
農業と農村をまるごとデジタル化／農村DXのポイントとなる"CASE"

5. 農村DXの八つの変革

(1) 農業機械／資材のスマートシェアリングで負担半減 …… 88
〈背景〉農業における農機の位置づけ／農業資材に求められる効率活用〈システム概要〉余剰となる農機のシェアリング／農機メンテナンスの高精度化と効率化／農業資材のスマート調達〈効果〉

(2) 農村ブランド＆ダイレクト流通で収入倍増 ……………… 97
〈背景〉〈システム概要〉ロボット等を用いたデータの自動収集／情報提供・価値訴求によるブランド構築／生育データを活用した量と質の需給マッチング／農産物輸送のスマート化〈効果〉

(3) AI/IoTが実現する自立型農業インフラ ………………… 106
〈背景〉〈システム概要〉農地のモニタリングとAI診断システム／地域の農業者と連携したモニタリングシステム／農地の災害対策に効果を発揮するAIモニタリング・制御〈効果〉

(4) スマート農業で"農作業をしない農家"が生まれる …… 114
〈背景〉〈システム概要〉負荷の大きな農作業を担う「スマート農業アウトソーシングサービス」／データ活用で差別化を行う新たな農業〈効果〉

(5) 農村から始まるエネルギー自立圏 ……………………… 121
〈背景〉電力分野の3大トレンド／現実性高まった地域の自立型エネルギーシステム／〈システム概要〉地域の再生可能エネルギーを活用した電熱の供給／再生可能エネルギーを有効活用する蓄電池運用／無人化されたエネルギー需給と機器の管理／費用負担の最適化〈効果〉電力事業の経営オプション／次世代の自立的コミュニティづくり

(6) 農村3R（リソース・リユース＆リサイクル）が生み出す資源リッチ …………………………………………………… 131
〈背景〉持続可能でないマテリアルバランスの崩壊／バイオリッチの農村／〈システム概要〉地域のバイオマスの情報ネットワーク／効率化するバイオマスの収集／中核となる堆肥化施設〈効果〉バイオリッチを活かす住民参加とDX／多方面に及ぶバイオマス利用の効果／農村地域のさらなる資源有効利用

（7）台頭する農村DXベンチャー …………………………… 138
〈背景〉公共と民間の新たな関係／DXで生まれるビジネス機会／技術実証場所としての農村の可能性／〈システム等の概要〉／〈効果〉

（8）年齢リタイア、心のリタイアを受け入れる"農村スマートライフ" …………………………… 147
〈背景〉／〈システム等の概要〉新規就職者を支援するハード・ソフトのサポート／地域生活を豊かにする共有システム／地域に張り巡らせる健康管理ネットワーク／〈効果〉

6．農村DX実現戦略

（1）農村DXを戦略的政策に位置付けるための三つの理念 … 156
農村DXの政策的位置づけ／①日本の農村の未来を拓くのはDXである／②農村DXは日本としてのグローバル戦略商品になる／③農村が日本の社会、産業のDXの発信地になる

（2）農村DX実現のための6人のプレーヤー …………………… 161
DX農村をリードするDXメイヤー／DX技術普及のハブとなるDXマイスター／農村社会の再生の中心となるDXコミュニケーター／DX技術を支えるDXサポーター／戦略作りを支援するDXアドバイザー／政策の核となるDXポリシーオーガナイザー

（3）農村DXのパッケージモデルを創る"デジタルトランスフォーメーション特区" …………………………… 167
垣根を越えた農村DXパッケージを構築／省庁間、官民をまたいだシームレスな農村DX政策／特区、サンドボックス制度を活用した政策パッケージづくり

（4）農村DXをインキュベーションセンターに …………………… 173
インキュベータのための仕掛け／スモールスタートを農村DXベンチャーの起点に／スモールスタートの宝庫としての農村DX／農村DXで求められるインキュベータ機能

（5）サステイナブル農村の実現 …………………………… 178
SDGsの観点からみた農村DXの重要性／サステイナブル・インフラに立脚した「持続的で儲かる農業」／自立型農業による経済的サステイナブル・ライフの実現／農村内ネットワークと農村サポーターによるサステイナブル・コミュニティの実現

パート 1

ターニングポイントを迎えた日本農業

1

日本農業の『現在地』

(1) 積極的な農業政策による農業産出額の増加

回復の兆しが見えてきた日本農業

　はじめに、日本農業の「現在地」を見ていこう。日本農業が長期にわたって苦境にあえいできたことは周知の事実だが、近年勢いを取り戻しつつある。農業に対する世間の注目度、期待が高まり、さまざまなテレビ・新聞・雑誌で農業特集が組まれる等、一種のブームともなっている。農業は私たちの生命を支える大事な産業であることも、注目度の高さの一因であろう。

　農林水産省の統計を見ると、農業産出額は3年続けて増加していることがわかる。増加額はさほど大きくはないものの、「農業＝斜陽産業」という固定観念が強い中で、産出額が連続して増加したのは大きなトピックである。一時期8兆円台にまで低下した産出額は9兆円台に回復し、次は10兆円をという威勢の良い声も聞こえてくる（**図表1-1-1**）。

　続いて自給率を見てみよう。自給率にはカロリーベース、生産額ベース、重量ベースといった算出方法がある。さまざまな農産物を統一的な単位で加算する必要があり、それぞれキロカロリー、円、トンに換算して国内産の比率を求めている。このうち、食料安全保障（国民に必要な食料をきちんと確保すること）の指標としてカロリーベース食料自給率、農業の産業としての評価では生産額ベース食料自給率が用いられる。カロリーベース食料自給率は、近年はずっと40％あたりで推移しており（2017年度は38％）、相変わらずの低迷が続いている。その背景には食生活の変化がある。カロリーベース食料自給率を押し下げているのが、小麦、油糧作物（油を搾るための作物）、飼料等である。日本人の主食はご飯だけでなく、パンやパスタ等に多様化した。また、肉や油

1　日本農業の『現在地』

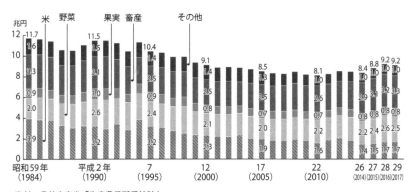

資料：農林水産省「生産農業所得統計」
注：その他は、麦類、雑穀、豆類、いも類、花き、工芸農作物、その他作物、加工農産物の合計

図表1-1-1　農業産出額の推移

の消費量が大きく伸びた結果、海外からの輸入が増大した。このような食生活の変化のため、伝統的な主食であるコメが余っているにも関わらず、カロリーベース食料自給率が低迷する、という事態となっているのである。

一方で、生産額ベース食料自給率は65%（2017年度）となっており、ある程度の農産物が自給できていることがわかる。つまり主食のコメは減少傾向だが、収益性の高い野菜などが増加しており、儲かる品目を重点的に生産していく傾向にあることがわかる。

アベノミクスの一環として進展する農業の成長産業化

農業が上向きつつある要因の一つがアベノミクスで掲げられた「農業の成長産業化」政策である。官邸主導のトップダウンで、骨太の方針・新骨太の方針等で謳われた、生産性改革、流通改革、規制緩和等の施策が立て続けに実行された。

農業における生産性改革としては、農業参入の規制緩和や法人化、農地中間管理機構（通称：農地バンク）による農地マッチング等の推進が

3

あげられる。この15年間の矢継ぎ早の規制緩和により、企業の農業参入は急増し、参入事例（リース方式のみの集計値）は約3,000件にも上る。企業にとって、農業は新規ビジネスの有望な選択肢になったと言える。例えば、JR九州やJR東日本といった鉄道事業者が管内で複数の農場を展開し、耳目を集めた。また、セブン＆アイ・ホールディングスがセブンファームを、イオンがイオンアグリ創造を設立し、ともに全国で面的に自社農場を展開している。農業参入のトレンドは何も大企業だけに限らない。私鉄、地方のプロパンガス会社、ローカルスーパーマーケットチェーン、エンターテインメント企業といった地場中堅企業の農業参入も相次ぐ。これらの企業の農業参入においては、企業の経営陣が農業参入に関心を持つケースが多いことが特徴的である（**図表1-1-2**）。

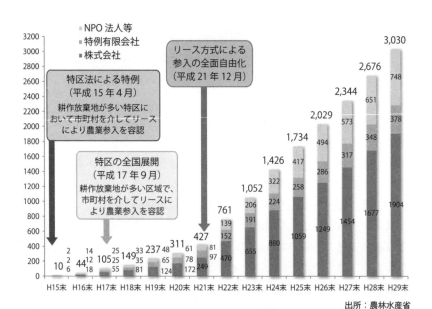

図表1-1-2　一般法人の農業参入件数

また、全国で優秀な農業経営者が台頭したことも注目される。家族経営から法人経営への転換も増えており、全国で約20,000戸の農業法人が営農している。数十億円の売り上げを誇る農業法人、数百ヘクタール（ha）の見渡す限りの水田でコメを栽培する農業法人等、「地域農業の雄」として尊敬されるスター農業者も増えている。農業参入や農業法人化の進展は、「ビジネスとして農業を営む」ことが当たり前の時代になりつつあることの証と言えよう。

激変する農業マーケット

　農業者を支える各種政策も推進されている。農地の確保に関して、都道府県ごとに農地バンクが設立された。農地バンクは利用されていない農地を農業者から集約し、農地拡大や新規参入を目指す者とマッチングする機能を有している。また、農業資材に関しても大きな変化がみられる。JA改革の一環で、農林水産省はJAの取り扱う農薬、肥料等の価格を調査し、適正化を進めている。併せてJAの取り扱い品目を絞り込むことで、これまでのように「売れない商品」を抱える必要がなくなり、JAの負担も低減された。

　流通分野においては、旧来の市場流通（農協→卸売市場）に加え、農業者と需要家・消費者を直結するダイレクト流通が存在感を強めている。農産物の流通改革の一環として、2018年に卸売市場法が改正され、民間企業でも地方市場の開設ができるようになるとともに、商物一致の原則や第三者販売といった条件が緩和されるようになっている。また、農産物流通における農協の役割にも変質の兆しがある。例えば、オランダではダイレクト流通の隆盛に伴い、多くの卸売市場が廃止され、日本のような農協に変わって集出荷や運送といった機能を担う専門の民間企業が台頭する、という変化が起こった。日本でそこまでドラスティックな変化は起こらないだろうが、農業者がより自由に流通ルートを選択できるようになることは間違いない。

　農業＋αのビジネスモデルも出現した。所謂、農業の6次産業化であ

る。6次産業とは、「1次産業×2次産業×3次産業＝6次産業」という理屈で、農業者の所得向上を狙ったビジネスモデルである。農業者の6次産業化を後押しする政策として、農林水産省が農林漁業成長産業化支援機構（通称：A-FIVE）という官民ファンドを設立する等、従来の農商工連携より広範な推進政策が展開されている。A-FIVEの投資スキームの特徴は、地域の金融機関等とともにサブファンドを組成し、サブファンドが6次産業化の事業体に出資する点である。全国に約50のサブファンドが設立され、次々と投資案件が組成されている。また、法改正によりA-FIVEから事業体への直接投資も一部解禁され、今後の投資拡大が期待されている。一方で、6次産業化には課題も存在する。6次産業においては、農業者に高い経営スキルと企画力が求められることだ。農業者は農業のプロだが、観光や加工や外食のプロではない。こうした点を踏まえ、明確な事業戦略と適切な体制構築の伴わない、安易な事業の多角化は避けなくてはいけない。

　このように、近年日本の農業の改革に向けて様々な政策が進められてきたが、次の目玉政策がIoT等の先進技術を駆使したスマート農業である。農林水産省では「スマート農業の社会実装」と「IoT、AIを活用したスマートフードチェーンの構築」を今後の重要政策として掲げている。本書では、スマート農業技術を活用して、農業ビジネスと農村コミュニティーにいかに改革していくかに焦点を当てる（**図表1-1-3**）。

世界に広がる日本農業のチャンス

　日本農業のもう一つの注目トピックが農林水産物の輸出である。政府の積極的な輸出促進政策を受け、農林水産物の輸出額は順調に増加している。2018年の輸出額は9,000億円を超え、2019年の目標額1兆円の達成が手の届くところにまで来た。当初は2020年に1兆円だった目標が1年前倒しされたことは、農業者を中心に産官学が連携して輸出を促進してきた成果と言える。

　農林水産物の主な輸出先はアジアであり、香港、台湾、シンガポー

(1) 農業改革の方向性

①生産現場の強化	ア）経営体の育成・確保 イ）農地中間管理機構の機能強化等 ウ）米政策改革
②バリューチェーン全体での付加価値の向上	ア）流通・加工の構造改革 イ）生産資材改革の更なる推進 ウ）知的財産の戦略的推進
③データと先端技術のフル活用による世界トップレベルの「スマート農業」の実現	ア）データ共有の基盤整備 イ）先端技術の実装 ウ）スマート化を推進する経営者の育成・強化

(2) スマート農業の重点ポイント

- 遠隔監視による農機の無人走行システムの平成32年までの実現
- ドローンとセンシング技術やAIの組み合わせによる農薬散布、施肥等の最適化
- 自動走行農機等の導入・利用に対応した土地改良事業の推進
- 農業用水利用の効率化に向けたICT技術の活用
- スマートフォン等を用いた栽培・飼養管理システムの導入
- 農業データ連携基盤を介した、農業者間での生育データの共有やきめ細かな気象データの活用等による生産性の向上
- 農業データ連携基盤の将来の展開を見据えた、農業者・食品事業者によるマーケティング情報、生育情報の共有等を通じた生産・出荷計画の最適化

出所：農水省資料等より筆者作成

図表1-1-3　未来投資戦略2018

ル、中国等への輸出が目立つ。東日本大震災後には各国が日本産農林水産物の輸入規制を行ったが、徐々に解除され、現状では影響は小さくなっている。他方で、和食の世界遺産登録やインバウンドの増加といった追い風に恵まれた上、SNS（ソーシャルネットワーキングサービス）が急速に普及して日本の農林水産物の素晴らしさを簡単かつダイレクトに海外に発信できるようになった。美味で健康的な日本食への関心が高まっており、特にインバウンドの観光客が日本食ファンになるケースが多い。海外の日本食レストランは11万7,568店（2017年10月時点）に

達しており、まさに世界中が日本食ブームという様相を呈している。

　輸出拡大のため、農業者や食品企業は輸出先の規制・制度に合わせた取り組みを行ってきた。その意味で、輸出拡大は、GAPやHACCPといった認証を取得したり、各国の農薬基準に合わせた栽培方法の変更を行ったり、という農業関係者の不断の努力の賜物である。グローバル化が進む中、日本の農産物を愛するファンが国内外に数多く存在している現状は、変革期を迎えた日本農業にとって頼もしい限りである。

(2) 2030年、農業者100万人時代に

とまらない農業者の高齢化と離農

　明るい兆しも見えてきた日本農業だが生産の足下はおぼつかない。特に注意すべきなのは労働力の不足である。日本の農業者は長期間減少傾向にある。1970年には1,000万人以上いた農業就業人口（15歳以上の農家世帯員のうち、調査期日前1年間に農業のみに従事した者又は農業と兼業の双方に従事したが、農業の従事日数の方が多い者）も、1990年代半ばには500万人となり、今では200万人にまで減少している。半世紀もたたないうちに実に5分の1まで激減したのである。

　高度経済成長期以降の工業・サービス業の発展を受け、農業の産業的な存在感は低下した。農業者の子供が都市部に出て、二次産業・三次産業の職に就くことも多くなって農家の後継者不足が深刻化し、高齢農業者の離農とともに廃業するケースが多発している。農業就業人口の減少と並行して農業者の高齢化も進んでいる。現在、農業者の平均年齢は66.7歳で、コメ農家では驚くべきことに70歳を越えている。10年前と比べて平均年齢は7歳高齢化しており、10年間農業者の多くがそのまま年を重ねたといっても過言ではない。加齢にともない重労働や長時間労働ができなくなる。まだ農業を続けようと思っていても身体的制約のために断念せざるを得ないケースも少なくなく、今後離農がさらに加速することも懸念される（図表1-1-4）。

　農業をやめる者がいれば、新たに農業を志す者もいる。本来であれば新規就農者が新たな労働力として日本農業のバトンを受け取るはずなのだが、残念ながら日本農業はバトンタッチに失敗している。2017年の新規就農者は年間5万5千人強と決して少ない人数ではないが、それでも高齢農業者の相次ぐ離農分を穴埋めできない状況にある。さらに、新規就農者の定着率の低下も課題である。長期的な労働力として期待できる40歳未満の新規就農者に焦点を当てると、3割は生活が安定しないこ

(単位：万人、歳)

	2010年	2018年
農業就業人口	260.6	175.3
うち女性	130.0	80.8
うち65歳以上	160.5	120.0
平均年齢	65.8	66.8

出所：農林水産省

図表1-1-4　農業者の就業人口と平均年齢

とから5年以内に離農している、と平成26年度食料・農業・農村白書にて報告されている。新規就農者の中には農業未経験者も少なくなく、ノウハウ不足による離農も多いと考えられる。

　ただし、農地の流動化が一部では機能し、地域の中核的な農業者に農地がバトンタッチされる好事例も存在する。実力ある農業者に農地が集約していく流れだ。新規就農者に占める農業法人への就職者の割合が増加傾向にあることも朗報だ。いきなり農業経営の荒波に放り出されるのではなく、農業法人の中で優れた農業経営者を手本に、組織的な教育・訓練を受けられるのは大きな利点である。農業法人化や農業参入は増加しており、今後は定着率の改善に期待がかかる。

離農に伴い増加する耕作放棄地

　離農の増加により、耕作放棄地（農作物が1年以上作付けされず、農家が数年の内に作付けする予定が無いと回答した農地）が拡大している。農林水産省の農林業センサスによると、1995年に24.4万haだったが、2005年には38.6万haに、2015年には42.3万haにまで増加していることがわかる。これは、石川県の総面積4,185km^2（=41.85万ha）、福井県の総面積4,189km^2（=41.89万ha）、を超え、富山県の総面積4,247km^2（=42.47万ha）、に匹敵する。都道府県の面積ランキングで言えば33位〜34位となる（**図表1-1-5**）。

1 日本農業の『現在地』

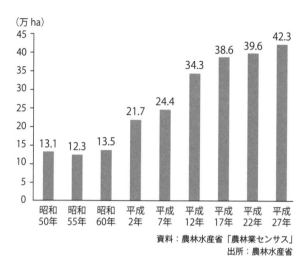

図表 1-1-5　耕作放棄地の推移

　農業者1戸あたりの農地が狭いにも拘らず、これだけの農地が有効活用できていないことは、農業生産力の維持の観点から由々しき事態である。耕作放棄地の解消に向けて、農林水産省もさまざまな政策を展開してきた。例えば、2014年度に設立された農地中間管理機構（農地バンク）により、高齢化や後継者不足などで耕作を続けることが難しくなった農地を借り受け、担い手に貸し付けるという農地マッチングが進められている。2017年度までの累積転貸面積は18.5万haまで増えたが、それでも当初計画を下回り苦戦している。農水省では農地中間管理機構の達成目標として、「全耕地面積に占める担い手の利用面積のシェア（機構以外によるものを含む）を2023年に8割にまで高める」ことを掲げているが、2017年度実績は55.2％にとどまり、目標達成のためには大幅なてこ入れが求められる。

　耕作放棄地の増加により地域内の土地が荒廃してしまうと、農業産出額が減少するのは当然として、景観の維持や防犯等も問題となり、地域

11

の活力低下も引き起こしてしまう。「住みやすい農村」という観点でも、耕作放棄地問題の解消は急務だ。

2035年、農業者100万人時代に

　急速な減少が続く農業就業者人口だが、今後のトレンドはどうだろう。日本総合研究所によるコホート分析を用いた試算を見てみよう。菊地（2018）は、過去の傾向をベースに、農業の成長産業化の政策の効果を織り込んだシミュレーションを実施している。同シミュレーションによると、2035年に農業者は100万人にまで減少するという。新規就農者の増加、農業参入企業の増加等による農業者の増加も、高齢化に伴う離農を食い止めるには不十分だと指摘している。農水省も手法は異なるが農業就業人口の予測を行っており、そちらもほぼ同様の試算結果となっている。

　「2035年、農業者100万人時代」の到来の可能性は極めて高い。平均年齢の高齢化は限界近くまできており、ベテラン農業者の頑張りにより農業生産を支える現状は持続不可能である。農業者の営農延命策ではなく、今後15年強で農業者が半数になることを前提とした政策が不可欠である（図表1-1-6）。

農業者100万人で農業生産を維持するためには

　農業者が100万人にまで減少するということは、農業者が現在の半分となることを意味する。これは日本農業にとって重大なピンチであることは間違いない。一方で、ビジネスの観点からはチャンスでもある。なぜならライバルが半分に減り、事業規模が拡大することを意味しているからだ。農業者が半減すれば、農業者一人当たりの農地面積は2倍となる。2018年の農業者（販売農家）一戸当たりの農地面積は約2.46ha、北海道を除いた都府県では1.74haとなっている。これが農業者の半減により、2035年には約5haまで増加すると予想される。農業者（農業生産物の販売を目的とする農業経営体）の1戸当たり農業粗収益（売り上げ）は623万円（2017年）だが、営農面積に比例すると仮定すれば、2035年

1 日本農業の『現在地』

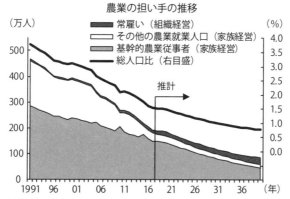

（資料）農林水産省「農業センサス」、「農業構造動態調査」、国立社会保障・人口問題研究所、等を基に日本総研作成
（注）家族経営就業者数は、農業センサスの5歳階級区分の就業者数を基に、コーホート分析から推計。
　　　組織経営の雇用者は、農業構造動態調査を基に、増加率で補完、延長推計。

			2000	2010	2015	2020
農業就業人口		（万人）	394.3	267.8	220.5	185.3
		（2015年比）	178.8	121.4	100.0	84.0
	家族経営	（万人）	389.1	260.6	209.7	171.3
		（2015年比）	185.6	124.3	100.0	81.7
	基幹的農業従事者	（万人）	240.0	205.1	175.4	143.8
		（2015年比）	136.8	117.0	100.0	82.0
	その他の農業就業人口	（万人）	149.2	55.4	34.3	27.5
		（2015年比）	435.0	161.7	100.0	80.3
	組織経営（常雇い）	（万人）	5.2	7.2	10.9	13.9
		（2015年比）	47.9	66.4	100.0	128.2
			2025	2030	2035	2040
農業就業人口		（万人）	151.1	122.7	100.8	86.1
		（2015年比）	68.5	55.6	45.7	39.1
	家族経営	（万人）	135.1	104.3	79.7	61.9
		（2015年比）	64.4	49.8	38.0	29.5
	基幹的農業従事者	（万人）	113.2	86.2	64.0	47.7
		（2015年比）	64.5	49.2	36.5	27.2
	その他の農業就業人口	（万人）	21.9	18.1	15.7	14.2
		（2015年比）	63.9	52.8	45.6	41.4
	組織経営（常雇い）	（万人）	16.0	18.4	21.1	24.2
		（2015年比）	147.2	169.1	194.2	223.0

（注）基幹的農業者：農業のみ、または兼業で農業が主、普段の状態が主に仕事。
　　　その他の農業就業人口：農業のみ、または兼業で農業が主、普段の状態が家事、育児等、仕事以外の者。
　　　常雇い：主として農業のため、組織経営体に7ヵ月以上雇用された従業者。

図表1-1-6　農業就業人口の将来推計

には約1,250万円まで増加する。

　農業者一人当たりの国内マーケットも2倍近くになる。国立社会保障・人口問題研究所の将来推計によると、2035年の日本の総人口は約1億1,500万人で、現在よりも減少するものの、減少率は農業就業人口の減少と比べるとはるかに小幅にとどまる。

　今後農業就業人口が減少すれば日本の農業者の競争力は向上するのだろうか。問題はそんなに簡単ではないことは歴史が物語っている。これまでも農業就業人口は減少の一途をたどってきたが、日本農業の競争力が高まったとは言い難い。その背景には、農業者一人当たりの農地面積が大幅増になっても、現在の栽培手法では広大な農地を有効活用することはできないことがある。現在でも多くの農業者が朝早くから長時間労働している状況であり、労働時間の延長による生産規模の拡大は非現実的である。結果として、農業者の減少に伴って発生した余剰農地を活用しきれず、耕作放棄地になってしまったのである。

　農地を余さず使うためには、生産力の大幅な向上が不可欠だ。短期的には外国人労働者による労働力不足への対応も考えられるが、中長期に見るとそのような"穴埋め策"では対応できない。外国人農業者を100万人雇用するのはさすがに非現実的であろう。いま求められるのは、農産物の栽培手法の抜本的な改革である。言い換えれば、農業者一人で今の2倍以上の農地を扱えるような栽培手法への切り替えを2035年に向けて急ピッチで進める必要がある、ということだ。

　新たな栽培手法として期待が高まるのが、AI/IoT、ロボティクス等の先進技術を駆使したスマート農業である。自動運転農機（トラクター、コンバイン、田植え機等）、農業ロボット、ドローン等を駆使できるようになれば生産性の飛躍的な向上が可能だ。労働力の補充策では一人当たりの収入は変わらないが、生産性の向上により農地をフル活用する方策であれば一人当たりの収入を倍増させることができる。「儲かる農業」の実現のために必要なのが後者であることは言うまでもない。

2 農業参入と法人化で加速する農業の"ビジネス化"

(1) 農業のビジネス化の加速
〜農業参入企業と農業法人の急増〜

規制緩和により急増する農業参入

　農業分野における規制緩和を受け、近年農業に参入する企業が急増している。前述の大手スーパーマーケットや鉄道事業者に加え、オリックス、大林組、カゴメ等の多種多様な企業が農業参入を果たした。消費者がスーパーマーケットの店頭で農業参入企業が栽培した農産物を目にする機会も増えた。

　ある種のブームになった企業の農業参入だが、その歴史は意外と浅い。リース方式(農地を借りる方式)での農業参入が認められてから、まだ20年もたっていない。規制緩和の歴史を振り返ってみよう。

　2000年の農地法改正から始まった企業の農業参入だが、当初認められていたのは農業者が利用しない条件の悪い農地のリース方式に限定されていた。貸し出し対象の農地は長年放置されてきた荒地が少なくなく、企業の農業参入の意欲を大きく減じ、実際に農業参入した事例はわずかという結果となった。しかし、2002年の構造改革特区におけるリース方式の解禁を経て、2005年には改正農業経営基盤強化促進法において「特定法人貸付事業」として参入企業の農地の利用条件が緩和された。続いて、2009年の農地法改正により、原則としてどのような農地でもリース方式により借地可能となった。これらの規制緩和を受け、多くの企業が農業参入の検討を本格化した。継続的な規制緩和が企業の農業参入をけん引したのである。

農業参入にはリース方式以外に、「農地を所有する」方式もある。ただし、農地を所有するには農業生産法人（現・農地所有適格法人）でなければならない。2001年に株式会社形態（株式の譲渡制限のあるものに限る）の農業生産法人が認められ、農業者と企業が合弁で農業生産法人を設立し農地を所有することが可能となった。当初は企業（一般法人）の議決権の上限は10％だったが、2009年の規制緩和で25％に引き上げられた。直近の2016年の規制緩和では、さらに50％未満にまで緩和されるとともに、「農業生産法人」は「農地所有適格法人」に名称変更された。

　いまや大手企業や地場中堅企業にとって、新事業開発戦略の中で農業参入を検討することがある種の"常識"となっている。他方で、安易に農業参入した結果、早々に事業が破綻したケースも残念ながら散見される。「農業参入すること」が目的化してしまった結果の戦略なき農業参入や、技術不足を甘く見た農業参入は失敗のもとである。企業が農業参入で成功するには、産業としての農業をリスペクトし、農業の難しさを理解することが不可欠だ。

　起業による農業参入における最大の課題は農業に関する技術・ノウハウ・知見の不足である。例えば、コメは1年に1回しか栽培できないため、技術習得に時間を要する。一方で、農業参入が急増したことで、優秀な農業者を招き入れて技術・ノウハウを獲得するという勝ちパターンも難しくなりつつある。そこで、最近は多くの農業参入企業がスマート農業を取り入れ始めた。技術・ノウハウをデータ化し栽培等に自動化技術を取り入れることで技術者不足を補うことが狙いである。特に複数の農場を面的に展開している農業参入企業では、農場間でのノウハウ共有のためにITを使った生産管理システムを積極的に導入するケースが多い。

農産物の需要家が農業参入する垂直統合型

　農業参入におけるビジネスモデルは、垂直統合型と水平展開型（異業

種参入型)の二つに大別することができる(**図表1-2-1**)。垂直統合型は、小売店・外食店・食品加工企業等の農産物の需要家による農業参入である。垂直統合型の農業参入は、自社の商品の付加価値向上や安定調達を主たる目的としている。小売業ではセブン&アイ・ホールディングス、イオン、東急ストア、ローソン等、外食産業であればモスフードサービス、サイゼリヤ、リンガーハット、吉野家等が農業参入し、自社農園で栽培された農産物をセールスポイントの一つとしてブランド化を進めている。例えば、自社農園で栽培した野菜を使ったサラダ、といったブランド化が可能である。食の安全に関心の高い消費者に対して、自

分類	企業の例
垂直統合型	セブン&アイ・ホールディングス イオン バロー ローソン モスフードサービス サイゼリヤ リンガーハット 吉野家 サントリー メルシャン
水平展開型	JR東日本 JR九州 大林組 オリックス 三井住友銀行・秋田銀行 鹿児島銀行 富士通 四国電力 三井物産

出所:筆者作成

図表1-2-1 農業参入企業の例(垂直統合型・水平展開型)

社栽培によるトレーサビリティの高さをアピールすることもできる。
　垂直統合型の農業参入では、自らが需要家であるため、マーケットイン型の栽培が可能なことも特徴だ。自社の商品（メニューや加工食品）から逆算して必要な原材料を自ら作ることができるため、市場に出回っていない原材料を用いた独自性の高い商品を展開することができる。消費者の舌が肥えてニーズが多様化する中、自社独自の農産物は大きな武器となる。
　他方で、こうした付加価値の一部は契約栽培スキームでも実現できる。カルビーは、多くの契約栽培農家と連携し、独自の品種を大規模に安定的に生産している。サッポロビールも100%協働契約栽培のホップを売りにしている。

異業種から参入する水平展開型
　水平展開型は、農産物の需要家でない異業種からの農業参入である。JR各社、カゴメ（ジュース・ケチャップ用ではなく、生食用トマトに参入）、オリックス、パナソニック、富士通、大林組等、多岐にわたる業種からの参入が進んでいる。水平展開型にもいくつかのパターンがある。一つ目が、農業関係の商品・システムの研究開発を行ってきた企業が、実証を兼ねて農業参入するパターンである。パナソニック、富士通、大林組の植物工場や環境制御型温室が典型的な例だ。JFEエンジニアリングは熱やCO_2等の有効活用に関する自社のノウハウを生かして農業参入を果たし、北海道の苫小牧でエネルギーや資源を有効活用する農業設備パッケージとしての事業展開を狙っている。
　二つ目が、地域密着型の企業が多角化の一環として農業参入するパターンである。JR東日本、JR九州、その他私鉄等は、地域活性化や沿線の価値向上を主眼に参入していることが多い。鉄道事業者以外では、地域のプロパンガス会社、エンターテインメント系企業（パチンコチェーン）等の参入が目立つ。注目のトレンドは、福祉法人や病院が農業参入していることだ。農水省も農福連携政策により積極的にサポート

しており、栃木県足利市のココ・ファーム・ワイナリーのような成功事例も出ている。

　最近は垂直統合型と水平展開型のハイブリッド型のビジネスモデルも注目されている。千葉県を拠点とした地場スーパーマーケットチェーンの木田屋商店は福井県で人工光型植物工場による農業参入を行っている。野菜の需要家としての視点や知見をベースに事業戦略を構築しつつ、生産した野菜の販路は自社以外をメインとしている点がおもしろい。現在は、植物工場の立ち上げ・運営支援ビジネスにも事業を拡大しており、植物工場マーケットの牽引役の一人と評価されている。

農業法人化により農業者がビジネスパーソンに

　家族経営の農業者が法人化する事例も増えている。法人化に伴い、ビジネス指向の農業に切り替え、従業員を新規に雇用して規模拡大するケースが多い。法人格を得ることで、需要家との直接取引がしやすくなったり、新規投資のための資金調達がしやくなる、といったメリットがある。農業法人に対象を絞った補助金や優遇策もあり、農業法人は順調に増加している。政府は2023年度に農業法人を5万法人にまで増やす政策目標を掲げている。

　一方で、毎月の従業員への給与支払い等などにより、家族経営では不要だった月次キャッシュフローの管理が必要となるなど、経営スキルが求められる。金融機関、小売業、商社等の経験者の雇用に加え、生産管理システム等のスマート農業技術を積極的に導入し、経営の効率化を図る農業法人が増えている。大手農業法人の中には、経営効率化のためにシステム系の企業と連携してスマート農業技術の開発を主導している例もあり、法人化がスマート農業の推進役の一翼を担っている。

　農業参入や農業法人化のトレンドは今後も続き、農業法人は日本の農業の新たな中核プレイヤーとして存在感を増していくだろう。

(2) "儲かる農業ビジネス"が日本農業の試金石

"儲かる農業ビジネス"が合言葉に

　農業参入や農業法人化の進展で、農業でしっかりと収益をあげていこう、と考える農業者が増加し、各地で様々な儲かる農業の事例が出現している。新技術の導入やマーケティングに積極的な農業参入企業・農業法人が成功を収めることで、地域に新たな特産品が生まれたり、地域の観光振興につながったり、と地域経済への波及効果も出始めている。そうした地域では一農業者の成功にとどまらない効果が発揮されており、成功した事業者は「スター農業経営者」として尊敬を集める存在となっている。全国的な知名度を獲得した農業経営者も少なくない。

　以前は「農業で儲けるなんて下品だ」と揶揄する声も聞かれたが、地域の活性化の中心となる農業者が増えるにつれて、儲かる農業に対して「収益をあげて雇用を確保することは地域に活力を与える」という認識が広まりつつある。「農業で稼いで農村で暮らしていこう」と考える若者やＵターン・Ｉターン人材等の増加は、地域にとって重要なトレンドである。儲かる農業にはヒト・モノ・カネを集める力があるのだ。

　全国津々浦々の自治体が「地方創生」を目標に掲げるが、必ずしも成果をあげているとは言えない。地域を活性化させるためには、明確な戦略とそれを牽引するキーパーソンが欠かせない。地方の多くの自治体では農業が基幹産業の一つであり、農業から目をそらした地方創生はあり得ない。儲かる農業の成功事例をいかに生み出していくかは農村地域の活性化の第一歩となる。

全国で台頭する"スター農業経営者"

　高い志を持ち、ビジネスとして成功を収めている全国の「スター農業経営者」の例をいくつか紹介していこう。

　稲作では新潟県の穂海農園やライスボウル、茨城の横田農場等が代表的な成功例だ。穂海農園は10種類以上の品種の稲を栽培している。そ

うした作付けを行うことで、繁忙期である田植や収穫の時期を少しずつずらし、従業員や農機の稼働率を上げ、栽培の原価を低減するというビジネスモデルを実践している。コシヒカリだけでは田植え機やコンバインは1～2週間しか稼働しないが、収穫時期の早い品種、遅い品種を組み合わせれば数か月にわたって稼働する。400ha近くの農地で栽培を展開している代表の丸田氏によると、地域の高齢農家から農地を預かるケースが増加しているという。40代の丸田氏は農業界では「若手(注)」に分類されるが、まさに地域の農業の屋台骨となっている。

　横田農場は農業法人の立場でスマート農業を実践するパイオニアである。社長の横田修一氏は横田農場の経営に加え、農匠ナビ株式会社という会社の代表も務め、農業者視点のソリューション開発でも力を発揮している。農匠ナビは横田農場に加え、石川県のぶった農産、滋賀県のフクハラファーム、熊本県のAGLが参画しており、まさに全国のスター農業者が集まって設立されたシステム会社だ。農匠ナビは扱いやすく安価な自動水門の開発・実証を進めており、農業者目線のスマート農業技術として期待されている。

　野菜では山梨県のサラダボウルや熊本県の果実堂の成功が有名だ。サラダボウルは施設栽培のトマト、きゅうり、なす、露地栽培のホウレンソウや小松菜等の栽培をベースとして、工程管理やコストマネジメント手法を駆使して儲かる農業を実践している。人材育成に力を注いでおり、農業ICTやロボティクスの活用にも積極的だ。他の農業者や企業とともにネクストファーム兵庫を設立してオランダ型温室でトマトを栽培するなど、各地でグループ会社を展開しており、海外での事業にも着手している。ベトナム・ラムドン省のダラット高原に現地法人を設立し、日本で培った技術を持ち込み、施設園芸のトマトやイチゴの栽培を展開している。

　果実堂は熊本を拠点にベビーリーフを生産している。科学的な知見に基づき土壌水分等をコントロールし、安定的・効率的に高品質なベビー

リーフを栽培する技術を確立した。多くの研究スタッフを抱えている点も特徴で、ベビーリーフのパイオニアの一社としてマーケット創出に貢献し、業界最大手に成長している。

　次はイチゴの農業法人を見てみよう。株式会社GRAは、東日本大震災で津波の被害を受けた宮城県亘理町で新たに設立された、イチゴを生産する農業法人である。もともと東京でITベンチャーを経営した若手農業経営者が地元に戻って立ち上げた。オランダ型の環境制御温室を始めとする最新技術を駆使し、最先端のイチゴ生産を行なっている。農林水産省が被災地で展開する食料生産地域再生のための先端技術展開事業（先端プロ）では、様々な最新技術の実証の受け皿として活躍した。実業でも、ミガキイチゴというブランド品の販売にとどまらず、イチゴを使った加工品（スパークリングワイン、スキンケアコスメ）も手掛け売り上げを伸ばしている（図表1-2-2）。

　被災地での取り組みとしては、福島県いわき市のとまとランドいわきが注目されている。とまとランドいわきは大型のトマト温室を運営する農業法人である。自社農場に加え、新たにJR東日本と合弁の農業法人を設立して、生産量を伸ばしている。さらに、6次産業化のためのワン

出所：GRA

図表1-2-2　GRAの「ミガキイチゴ」と「ミガキイチゴ・ムスー」

ダーファームを設立し、農業生産、加工、観光と事業多角化を図っている。いわき市の地域の特産品であるサンシャイントマトの中核的な生産者として、地域農業を支える存在だ。

オスミックトマトという高糖度トマトを栽培するオーガニックソイル社は、トマト一玉ずつ糖度を測定し、糖度別の商品（3 star、4 star、5 star、Premium）として販売するビジネスモデルが興味深い。「糖度保証」という付加価値が消費者に高く評価され、最高糖度の商品は通常のトマトの数倍の高値で販売されている。

6次産業化ではザ・ファームが注目されている。千葉の大手農業法人の和郷園のグループ会社として設立された。農業とグランピング（ホテル並みの設備やサービスを利用しながら自然の中で快適に過ごすキャンプのこと）を組み合わせた事業を展開しており、先駆者として首都圏の住民から高い評価を得ている。グランピング用テントやコテージ等の宿泊施設に加え、会員制貸農園、バーベキュー施設、カフェ、温泉等の施設により豊富なサービスを提供している。

この他にも欧州の珍しい野菜に焦点を当てたヨーロッパ野菜研究会、スプラウト大手の村上農園等、創意工夫あふれるスター農業者が全国で活躍する時代となった（図表1-2-3）。

（注）農林水産省の統計では、49歳以下の農業者が「若手農業者」と定義されている。

異業種のノウハウを持ち込んだ成功者

なぜ農業ビジネスで成功を収めるスター農業経営者が増えているのだろうか。実はスター農業経営者には異業種からの転身組が少なくない。異業種での経験・ノウハウを持ち込むことで成功を収めたスター農業経営者が多いのだ。

例えば、異業種で企画力、マネジメント力等を磨き、農業経営で力を発揮しているのが兵庫県相生市の深山農園の深山陽一朗代表だ。大学卒業後は三井住友銀行に就職して農業関連の部署を中心に活躍し、現在は

パート1　ターニングポイントを迎えた日本農業

出所：深山農園

図表1-2-3　深山農園の「瀬戸内しいたけ」と「しいたけオリーブオイルの素」

　しいたけを生産する農業法人を経営している。前述したイチゴの生産法人のGRAの岩佐代表も震災前は東京でIT関連企業を経営しているなど、農業を含む複数の領域でビジネスを興す若手経営者が目立っている。PDCAやカイゼンといった工場管理のノウハウを生かすケースも多い。特に、最近オリンピック・パラリンピックに関連して注目度が高まっているGAP（グローバルGAP、アジアGAP等）について工場管理の経験を生かす事例が増えている。

　他にも、地銀等の金融機関出身の人材が財務・経理部長として登用されるケース、IT関連企業出身者がスマート農業の導入やSNSの活用で活躍するケース等が見られる。近年のスマート農業ブームで、IoTやICTに精通した人材を農業法人が積極的に採用する傾向が農業法人の生産性向上に貢献している（図表1-2-4）。

　農業のビジネスの所得水準がさらに向上すれば、豊富な経験や高い知見を有する人材が農業分野に飛び込む頻度も増えていく。ビジネスマンのキャリアパスの一つとして農業が位置付けられる時代もそう遠くないだろう。

24

2 農業参入と法人化で加速する農業の"ビジネス化"

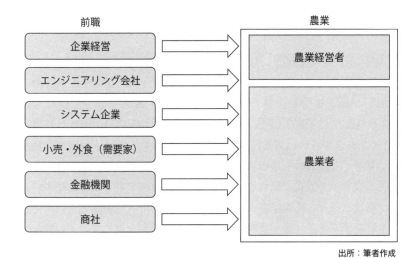

図表1-2-4　多様な人材が活躍する農業法人

(3) 農業ビジネスを支える政策、制度

規制緩和が効果を発揮した農業参入

　21世紀初頭からの連続的な規制緩和により企業の農業参入が急激に増加し、農業を営む主体が多様化している。農業を営む主体は図表1-2-5のように分類される。農産物を栽培する農業者は、家族経営農家（個人農家を含む）と農業法人に分類され、農業法人は、一般法人（農外企業等）と農地所有適格法人（旧称：農業生産法人）に分かれる。一般法人はリース方式で農地を借りることにより農業参入が可能だが、企業が農地を所有して農業参入する場合には農地所有適格法人を新たに設立する必要がある。近年政府が重点的に規制緩和を進めているのは、後者の方式に対してである。

　農地所有適格法人の要件について詳しく見ていこう。まず、企業が農地所有適格法人に出資する際の議決権比率は50％未満でなければならないので、企業は必ず農業者と合弁で法人を組成することとなる。このような規制の背景には、かつての大地主による農地の独占へのトラウマ

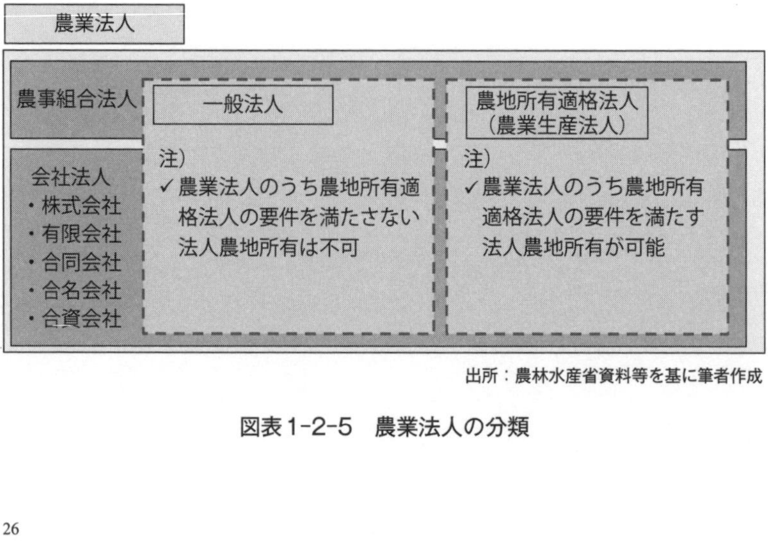

農業法人

農事組合法人

会社法人
・株式会社
・有限会社
・合同会社
・合名会社
・合資会社

一般法人
注）
✓ 農業法人のうち農地所有適格法人の要件を満たさない法人農地所有は不可

農地所有適格法人
（農業生産法人）
注）
✓ 農業法人のうち農地所有適格法人の要件を満たす法人農地所有が可能

出所：農林水産省資料等を基に筆者作成

図表1-2-5　農業法人の分類

がある。資本力に富む企業の農地所有を全面自由化すると、多くの農地が企業に抑えられてしまう懸念があるというわけだ。このようなリスク感覚にも一理あるが、農業参入を試みる企業を「悪者」とする性悪説的な見方には賛同しかねる。AI/IoT等の革新技術の導入が本格化する中、豊富な資金力と多様な人材を有する企業と農業者が連携することの重要性は日に日に増している。

企業としては、パートナーとなる農業者の探索、共同経営等で手間がかかる面もあるが、農業者の技術・ノウハウ、地元でのネットワークを生かすことができるというメリットもある。

農地確保を容易にするための政策

事業拡大を希望する農業者や農業法人に対して、農地の貸借をマッチングすることで農地を集約する政策が推進されている。従来は農業者間で農地を相対で貸借していたが、地域内で借り手を見つけることが難しく、耕作放棄地増加の一因となっていた。2014年に「農地中間管理事業の推進に関する法律及び農業の構造改革を推進するための農業経営基盤強化促進法」等の一部を改正する等の法律の制定により、都道府県ごとに農地中間管理機構が設立された。

農地を貸したい農業者は、農地をいったん農地中間管理機構に預け、農地中間管理機構はそれらの農地を借りたい農業者とマッチングする。これにより地域にネットワークがない農業法人でも農地を借りやすくなった。自治体の農業参入企業の誘致政策と連動するケースも見受けられる。伊藤園は大分県、宮崎県、鹿児島県、長崎県等で原料茶葉を栽培するための大規模茶園を拡大中だ。ICTやIoTを活用した近代的な大規模機械化茶園を中期的には2,000haまで拡げる予定である。これまでは、遊休農地が点在し、まとまった農地の確保に苦労していたが、農地中間管理機構が設立されてからは農地確保が容易になったという。

並行して、農地の流動性を高めるための施策も実施されている。農地中間管理機構や農地貸し出しに対する補助金が「アメ」だとすれば、こ

れから強化されるのは「ムチ」の政策だ。農業生産を行わないにも拘わらず農地を所有している農業者、元農業者が増えているからである。こうした農業者等を放置していると、規模拡大を希望する農業者がいるにも拘わらず、農地が放置され、しばしば耕作放棄地となってしまう。農業者の親から遺産相続で農地を引き継いだものの将来にわたって就農の意思のない不在地主（都市部に在住していることも多い）が問題となっていることも背景にある。

　そこで、農業生産を行っていない農地に対する税優遇を見直すことで、農業生産をしていない農地の所有コストを高め、貸し出しに誘導する政策が始まった。「使わないで持っているだけでは損する」構造に切り替えたのである。一方で、農地を貸し出し農業生産が行われた場合には税優遇が適用されるため、所有者本人が農業を営まずにやる気のある人に貸せばよいわけだ。2019年には、農地中間管理機構が地域主導で活動できるように新たな法改正がなされた。

最新技術の研究開発・普及の推進政策

　日本農業の強みの一つは高い技術力である。農業者の高齢化、労働力不足、消費者のニーズの高度化等を受けて、新たな品種、栽培技術、農機・設備の開発が積極的に進められている。その象徴がスマート農業だ。

　農林水産省では農業技術の開発ロードマップを策定し、重点的な予算配分を行っている。近年はAI/IoT、ロボティクス等を活用したスマート農業に力点が置かれ、手厚い支援がなされてきた。筆者がサブプログラムディレクターを務めてきた内閣府の「戦略的イノベーション創造プログラム（SIP）次世代農林水産業創造技術（以下、SIP農業）」が研究開発の要となっている。本事業を通して、自動運転トラクター、農業用ドローン、リモートセンシング、次世代型環境制御技術等の新技術が次々と実用化された。池井戸潤氏の小説が原作のTBSの人気ドラマ「下町ロケット」で自動運転トラクターがメインテーマの一つとなる

等、社会にも影響を与えた。

　SIP農業ではもう一つスマート農業の象徴となる技術が実用化された。それが農業データ連携基盤（通称：WAGRI）である。SIP農業では農業データ連携基盤のプロトタイプが構築され、多くの企業、研究機関、農業者が参加して実証事業が行われた。2019年4月より農水省系の国立研究開発法人である農業・食品産業技術総合研究機構（通称：農研機構）が運営者となり本格利用が開始されている。農業データ連携基盤の詳細は第3章で取り上げる。

　農研機構、都道府県の公設農業試験場、大手種苗会社を中心に、新品種の開発が進展している。農研機構のシャインマスカットのように、消費者ニーズを捉えたヒット商品も多い。ただし、コメの品種開発については法改正により制度が大きく変更された。これまで各都道府県の公設農業試験場が品種開発を行うと定められていたものが任意となった。稲作の重要度が低い地域で研究対象の選択と集中を行うことによる民間種苗会社の品種開発の促進、といったプラス面が期待される一方、公設農業試験場の魅力ある新品種の開発が遅滞するリスクも指摘されている。

　最新の品種改良技術として期待されているのがゲノム編集である。従来の遺伝子組み換えと異なり、ゲノム編集は高い精度でDNA自体を改変できる技術だ。厚生労働省は、遺伝子の一部を切り取るだけで外から新たな遺伝子を導入しない手法について、2018年12月に遺伝子組み換え食品の法規制の対象外とする方針を表明した。ただし、欧米を含めてゲノム編集に対する消費者の賛否は分かれており、今後消費者から十分な理解を得るためには確かな説明が必要だ。

金融面からの農業ビジネスの支援策

　農業者を金融面で支えるのがJAバンクや政策金融公庫（旧・農林漁業金融公庫）の農業者向け融資である。スーパーL資金のように、他産業では考えられないような優遇された融資メニューが設定されている。さらに農業者の多角化を金融面から支えるため、農林水産省が管理する

パート1　ターニングポイントを迎えた日本農業

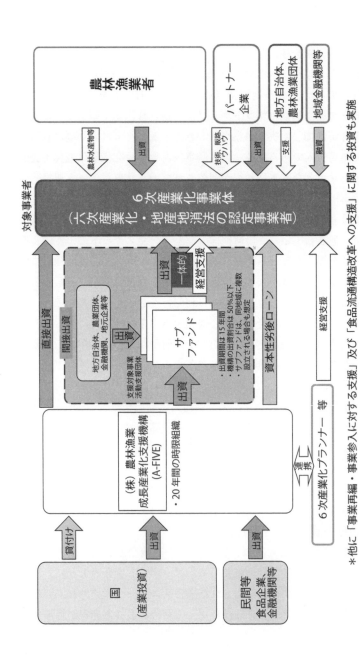

図表1-2-6　A-FIVEの投資スキーム（6次産業化に対する支援）

官民ファンド「株式会社農林漁業成長産業化支援機構（略称：A-FIVE）」が2013年に設置された（**図表1-2-6**）。農業者の6次産業化を支援することを目的に株式会社農林漁業成長産業化支援機構法に基づき設立されており、20年間の時限組織となっている。

　A-FIVEから6次産業化事業体（農業者が6次産業化のために新たに設立する法人）への出資は、原則として前述のサブファンド経由での出資となり、サブファンドから6次産業化事業体への出資は50％までと規定されている。このように官民ファンドによって、農業者の初期投資の負担を下げることで農業ビジネスの立ち上げをサポートしている。

　さらに、2017年の農業競争力強化支援法の制定、2018年の食品等の流通の合理化及び取引の適正化に関する法律の改正により、A-FIVEによる業界再編案件、事業参入案件、食品等流通合理化事業等に対する直接投資も可能になり、スマート農業に関する農業ベンチャーへの直接投資の実績も出始めている。

3 ここまで来たスマート農業

(1) スマート農業技術の分類

①スマート農業の『眼』

ドローンや人工衛星を活用した農地のリモートセンシング

　スマート農業の眼とは、センサー等を使って作物や農地等の状態をデジタルデータとして取得することを意味する。

　農産物の収量と品質を向上させるためには、農地や作物の状態をこまめに把握することが重要だ。従来は農業者が圃場を巡回し、目視で状況を確認してきた。しかし、高齢化や農業就業人口の減少により、圃場のチェックに十分な時間を割くことができない事態が多発し、品質や収量の低下にもつながっている。また、農業経験の浅い新規就農者にとっては作物や農地の状況を自らの眼で把握し、理解するのは至難の業である。見る能力の不足により、天候や病害虫のリスクを未然に防ぐことができないこともある。

　そのような課題に対して登場したのが、ドローンや人工衛星を用いて、上空から農地や作物の状態を見る「リモートセンシング」という技術である。ドローンや人工衛星に高機能なカメラ・センサーを搭載することで、可視光だけでなく赤外領域・紫外領域といった人間の眼に見えない波長もセンシングすることができる。スマート農業技術というと匠の技の代替とのイメージを持つ人も多いが、ドローン等によるセンシングは、「俯瞰的な視点」と「可視光外の波長の計測」の2点で人間の能力を凌駕しているといっていい（図表1-3-1）。

　効率的なデータ取得が可能なセンシング技術だが、ドローンと人工衛星リモートセンシングには違いがある。最大の違いは対象物である作物

3　ここまで来たスマート農業

空撮画像のGPSマッピング　　　植生分析（NDVI）

※NDVIとは、植生の分布状況や活性度を示す指標
出所：オプティム

図表1-3-1　作物の状態のリモートセンシング

や農地との距離だ。ドローンは作物に近接〜上空100m程度でのセンシングに、人工衛星は宇宙からのセンシングに使われる。近距離からセンシングするため、ドローンの方が分解能が高い一方、高高度でセンシングする人工衛星はより広範囲のデータを収集できる。また、ドローンはよほどの悪天候でない限り随時センシング可能だが、人工衛星は軌道上の位置や雲の状況によりセンシング可能な時間が限定されることが弱点である。

センシングされたデータを加工・分析することで、農作物や土壌の状態をさまざまな指標で表現できる。SPAD値（植物の葉に含まれる葉緑素（クロロフィル）量を示す指標）、コメや麦のたんぱく含有率、葉面積指数（LAI）等の作物データを把握することが可能で、作物の生育状況や農産物の品質をリアルタイムに非破壊で見える化できることがポイントである。

ドローンで撮影した画像をAIで分析することで、病害虫の発生の有無を瞬時に判断することもできる。例えば、農業資材販売を手がける株式会社山東農園（和歌山県）は、かんきつ類の実の画像をAIで自動分

析して病虫害の有無・内容を自動診断するアプリ「アグリショット」を開発した。また、NTTドコモはトマト農場における病虫害の発生状況を、ハイビジョンカメラ画像をもとにAIで診断するシステムの実用化を進めている。

農地センサーを活用した栽培環境のセンシング

　農作物の状態や農作業を適切に管理するためには、栽培環境を把握することが必須だ。一般的に農業者が確認しているのは以下のような項目である。

- 大気の状態：温度、湿度、日射量、降水量、風速、CO_2濃度等
- 土壌の状態：地温、EC、pH、含水率等

　従来はこれらの項目の一部をアナログデータとして計測することが多かった。例えば、温度・湿度計で計測したデータや天気を営農日誌に手書きで記載する、もしくは天気予報の結果を記録しておく、といった方法だ。計測と記載に手間がかかる上に、計測頻度も1日に一度が一般的だった。データの量、質、頻度ともに乏しいため綿密な分析が難しかった。

　このように限定的なデータ取得しかできなかった農業界でIoTを使ったセンサーが普及し始めたことで、データの計測・記録作業が大幅に簡易化された。圃場の栽培環境をより詳細かつリアルタイムに把握するため、通信機能を備えたセンサーが実用化され普及している。当初は温室内のセンサーが先行して普及したが、最近は屋外の圃場に設置する製品も増えてきた。

　注目すべきは複合型センサーである。筆者らが運営に参画する栃木県茂木町の農場（美土里農園内のインキュベーションファームもてぎ）では、ベジタリア株式会社（グループ会社のイーラボ・エクスペリエンスが担当）のフィールドサーバ（**図表1-3-2**）という複合型センサーを導入している。上部のセンサー（簡易気象計）で温度、湿度、照度、降雨

出所：著者撮影

図表1-3-2　ベジタリア社のフィールドサーバ

量、風向、風速を計測、下部のセンサー（土壌複合センサー）で土壌温度、含水率、ECを計測できる。なお、上部・下部のセンサーはそれぞれ別のセンサー（簡易土壌センサー、CO_2センサー、葉面濡れセンサー等）との換装も可能だ。ベジタリアは水田向けにはパディウォッチという複合センサーを販売しており、水田の水位・水温・土壌温度を自動計測することができる。

　取得したデータはスマートフォンやタブレットPCのアプリケーションでいつでも閲覧できる。農業者が事務所で各圃場の状況を遠隔モニタリングし、事前に作業内容や作業順序を決める、といった効率化が実現し、見回りの手間が劇的に削減され、省力化と作業効率化につながる。また、近年異常気象が多発しているが、複合センサーによりリアルタイ

ムに圃場のデータを収集することで、高温や低温、長雨などの際に異常事態をいち早く把握でき、リスク低減を図ることができる。

これまで匠の農家が長年の経験と勘に基づいて把握していた圃場の状況が定量的に見えるようになり、経験の少ない農業者でも適切な圃場管理が可能となった。センサーによる圃場のセンシングは、スマート農業を始める第一歩と言える。

糖度センサーや含水率センサーによる農産物の品質の見える化

IoTセンサーは収穫した農産物（実、葉、茎、根等）の品質データの取得にも活躍している。かんきつ類では非破壊の糖度センサーを活用して実の糖度を一つずつ計測し、自動で選果する取り組みが行われている。糖度別の商品を販売できるため、消費者それぞれの好みにあった糖度の商品を提供できるようになり、ブランド構築につながる。前述のオスミックの高糖度トマトも同様のビジネスモデルによるものだ。

糖度センサーや含水率センサーとロボットやドローンとの組み合わせも効果的である。例えば、収穫ロボットのアームには糖度センサーや色彩センサーが搭載されている。糖度センサーによって実の糖度を非破壊で計測し、実の色情報と合わせてAIで診断することで、収穫適期のものだけを選択的に自動収穫することができる。作物によっては含水率センサーと色彩センサーを用いて収穫適期を判断する場合もある。このようなIoTセンサーデータは、現場作業の効率化に加え、品質の向上にも寄与する。

②スマート農業の『頭』

農業でPDCAを可能にする生産管理システム

「スマート農業の頭」には大きく二つの機能がある。一つが「記憶すること」、もう一つが「考えること」だ。両機能ともスマート農業には欠かせない機能だが、実用化の段階に違いがあることに注意が必要であ

3　ここまで来たスマート農業

る。
　まず記憶機能については、すでに十分な機能を備えていると評価できる。富士通のAkisai、クボタのKSAS（クボタスマートアグリシステム）、日立ソリューションズのGeoMation 農業支援アプリケーション、トヨタの豊作計画、パナソニックの栽培ナビ、ウォーターセルのアグリノート（**図表1-3-3**）をはじめ、多くの農業生産管理アプリケーション（営農支援アプリケーション）が商品化され普及が進んでいる。
　多くの生産管理システムは、農業者がスマートフォン・タブレット端末等の可搬媒体や事務所のパソコンで入力した作業記録と、圃場のセンサーもしくは配信データを基にした栽培環境データ（温度、湿度等）を総合的に記録する機能を有している。後者は「スマート農業の眼」で得られたデータを覚える機能である。膨大なデータを蓄積でき、閲覧性が

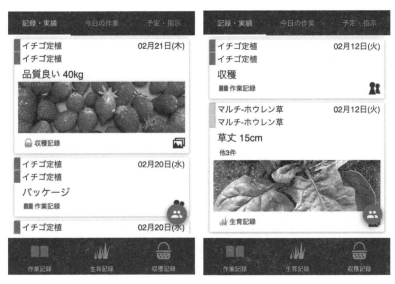

出所：ウォーターセル

図表1-3-3　アグリノートの画面例

高く、かつ手軽に分析することができるため、製造業の工場管理と同様にPDCAを回して農作業を改善することができる。まさに、「農業の産業化」を進めるための要となるソリューションだ。

　具体例を紹介しよう。ウォーターセルのアグリノートは月額500円で使用できる生産管理システムである。スマートフォン等を用いて現場で作業記録や生育経過（草丈、葉数等）を入力することができる、複合センサーの情報を取り込むことも可能だ。特に、スマートフォンのGPSと連動して、いつ・誰が・どこで何の作業をしたかを把握することができるのは、PDCAを回す上で非常に役立つ。これらのデータを圃場ごとに表示したり、圃場マップで航空写真と重ね合わせてヒートマップとして可視化したりする機能を備えている。また、独立行政法人農林水産消費安全技術センター（FAMIC）の農薬データベースの情報を基に農薬の使用制限の警告を出すことができる等、さまざまな営農シーンで農業者を助けてくれるシステムである。

　生産管理システムにはシステムを提供する企業ごとに独自の機能が付与されており、例えば、効率的な栽培計画の策定機能等を有するものもある。基盤である生産管理システムについては基本的な機能は網羅されており、どれを選んでも一定の効果は発揮するだろう。一方で、オプション機能には大きな差がある。生産管理システムを導入する際には、導入の目的、栽培品目、栽培規模、従業員数、習熟度等に応じて最適なシステムを選ぶことが重要となる。また、生産管理システムごとに連携している農機や設備が異なるため、システム選定の際には留意しないといけない（図表1-3-4）。

日本中の農業者がつながる「農業データ連携基盤」

　農業の生産性や経営の効率化に効果を発揮する生産管理システムだが、市販化当初は利用料金の高さや使えるデータ・機能の少なさに不満の声も聞かれた。それらの課題を解決し、農業者が広くデータ駆動型農業を行えることを目的に、政府主導で農業データ連携基盤（通称：

企業名	システム・サービス名
富士通	Akisai
日立ソリューションズ	GeoMation Farm
NEC	HYPERPOST/圃場管理システム
パナソニック	栽培ナビ
トヨタ	豊作計画
クボタ	KSAS
ウォーターセル	アグリノート
ヤンマー	スマートアシスト
井関農機	アグリサポート
ソリマチ	フェースファーム
イーサポートリンク	農場物語
アグリコンパス	アグリプランナー

出所：筆者作成

図表1-3-4　生産管理システムの例（抜粋）

WAGRI）が構築された。政府が提唱するデータ駆動型農業の肝ともいえる基盤であり、2017年度後半〜2018年度に内閣府SIP（農業）によってプロトタイプの構築と実証事業が実施された。並行して、基盤の普及・利用促進に向けて農業データ連携基盤協議会（通称：WAGRI協議会）が設立され、2018年度末段階で300社を超える企業・団体が参加している。

　農業データ連携基盤はデータの提供や共有の機能を有するプラットフォームであり、農業者にとって有用な様々なデータベースと接続している。農業者は農業データ連携基盤を介して、気象、地図、農地、肥料・農薬、市況等、豊富なデータが利用できる。これまでも農業のデータベースはあったが、生産管理システムを提供するシステムベンダーがデータベースと個別に接続する必要があったため、実際に使えるデータ

の種類はかなり限られていた。農業データ連携基盤が構築されたことで、各企業のシステムが基盤を通して様々なデータベースを利用できるようになり、システム開発費の低減にも貢献すると期待されている。

農業データ連携基盤には、農業を支援するためのアプリケーションも搭載されている。特に国立研究所である農研機構の研究成果のアプリケーション化が積極的に進められている。イネやムギの収穫期予測シミュレーションが代表例で、今後数多くのアプリケーションの搭載が計画されている（**図表1-3-5**）。

農業データ連携基盤は、異なるシステム間でデータを共有する機能も有している。これにより、例えば農業者が稲作部門ではクボタのKSASを、野菜作部門では富士通のAkisaiを使っても、データを統合的に扱うことが可能となる。農業データ連携基盤の構築を進めてきた内閣府SIPの現地実証では、複数の農機メーカーのデータを統合する機能が試行され、農業者から高評価を得ている。

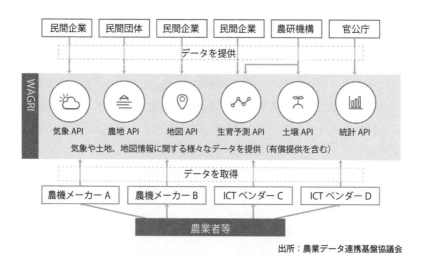

出所：農業データ連携基盤協議会

図表1-3-5　農業データ連携基盤の概要

2019年4月より農研機構が運営主体となって、農業データ連携基盤の本格的な運用が開始されており、今後の広範な利用が期待される。

AIを活用した病害虫診断システム

スマート農業の頭のもう一つの機能は「考える」である。社会的にAIやビッグデータの活用が注目されているが、まだまだ発展途上のものが多い。農業者の知見がAIに取って代わられる（シンギュラリティ）のはまだまだ先だ、と指摘する専門家も少なくない。それだけ農業の仕事は複雑かつ多岐にわたる判断が必要ということだ。

ただし、単純な判断、繰り返し作業等はAIに任せられるようになってきた。例えば、病害虫診断は従来、病害虫の発生の有無を早期に把握するためには、こまめなモニタリングが必要で、小さな異常に気付くための豊富な知識と経験が不可欠だった。こうした判断が徐々にAIに代替されようとしている。カメラで葉や実の様々な状態の写真を大量に撮影し、画像データをAIに"食べさせ"学習することで病害虫の発生の有無を判断できるようになる。これにより、農業者はハンディーカメラやドローン搭載カメラ等で農作物を撮影すれば、AIが瞬時に圃場の異常等を判断できるようになる。

経験の浅い新規就農者にとっては病害虫の判断が自動化されるのは心強い限りである。豊富な経験を有するベテラン農業者にとっても、見回りの頻度を下げられることは、特に繁忙期や猛暑の夏期においてありがたいだろう。今後は作業用の農業ドローンと連携して、病害虫リスクの発生個所をピンポイントで見定めて防除することも可能となる。

農業データの活用事例〜収穫予測シミュレーション〜

農業データ連携基盤には数多くのデータやアプリケーションが取り込まれているため、それらを組み合わせて新たな価値を発揮することが可能となる。

農業データ連携基盤をうまく活用したサービスの例として、コメの収穫予測システムがある。田植えの日にち、その後の気象データ、今後の

気象予測データ等によりさまざまな品種のコメの収穫日を予測するアプリケーションである。農業データ連携基盤上に予測アプリケーションが搭載されており、農業者の生産管理アプリケーションから基盤にアップロードされた作業履歴データと、基盤の機能を介して取得した気象データを合わせてシミュレーションする。予測式の係数は、農研機構の過去の栽培データを基に決定されたもので、科学的な知見に基づく信頼性の高い予測が可能となる。従来は、係数を決めるために研究機関が何度も栽培実験を行う必要があったが、今後は農業データ連携基盤を活用して生産者主導で地域ぐるみで効率的にデータを収集する動きも出てくるだろう。

　コメ以外の野菜、果樹等の収穫時期、収穫量を予測するシミュレーションも様々な機関で研究・開発されており、今後次々と農業データ連携基盤で利用できるようになる。

　これらのアプリケーションは、農業データ連携基盤の構築前から研究開発されてきた。これまで研究機関や大学の研究の直接的なゴールは論文であり、その成果が農業者のもとに届いていると必ずしも言えないケースも散見された。せっかくの優れた研究成果が日の目を見ない事態が多発していたのである。農業者個人が研究機関や大学の高度な論文を読み解き、自らの農作業にその内容を取り入れていくのは非現実的であり、公的研究資金の費用対効果の面で課題であった。

　農業データ連携基盤が構築されたことで、基盤経由でさまざまなシステムにデータやアプリケーションを提供し、農業者に直結する価値を届ける仕組みが出来上がった。農研機構では研究成果を農業データ連携基盤上で共有できる環境づくりを進めている。また、農林水産省の委託研究等の公的プロジェクトの中には農業データ連携基盤への接続や、農業データ連携基盤へのデータアップロードを条件としたものが出始めており、農業データ連携基盤の機能・価値は急速に高まりつつある。数年後には農業データ連携基盤を使うのが農業者にとって当たり前、という時

代が到来するだろう。

③スマート農業の『手』

商品化が始まった自動運転農機

　スマート農業の「手」の象徴的存在と言えるのが自動運転農機である。田植え機・トラクター・コンバイン（「トラコンタ」と総称される）の自動化の研究が進められてきたが、その中で先行して自動運転トラクターが実用化され、大手農機メーカー各社から商品が発表された。人気小説・ドラマ「下町ロケット」で自動運転トラクターが題材となるなど、2018年度は世間での認知度が急上昇した。農業関係者の中で盛り上がりを見せていたスマート農業への期待感が世間一般にまで広がりつつある。

　自動運転農機の開発は、まさにステップ・バイ・ステップであった。はじめはGPSを活用した操舵アシスト（直進支援）機能の実用化だった。圃場には凸凹が多く、土壌の硬さにも差異があるため、トラクター等の農機をまっすぐ走らせるのは思いのほか難しい。筆者も学生時代の農場実習でトラクターが細かく蛇行し、やり直しを命じられた苦い思い出が蘇る。それがGPSを活用することで、経験の浅い農業者でもまっすぐに農機を操縦できるようになった。北海道をはじめとする広大な農地では、安定した直進性はありがたい機能であり、順調に導入が進んでいる。北海道庁によると、道内の操舵アシストトラクターの普及台数は2016年時点で3,000台近くになっており、その後も導入が進んでいるという。

　操舵アシストトラクターの次に実用化したのが協調運転農機である。先頭の一台に農業者が搭乗して運転し無人農機が追従するという仕組みだ。1名の農業者が複数台の農機を同時に操縦できるため大幅な効率化が可能だが、一方でかなり大規模な区画でなければ複数台が隊列を組む

ことがないため、無人化に向けた過渡的な技術という意味合いが強い。

　2018年度にいよいよ実用化されたのが、無人で動く自動運転農機である。GPSやRTK-GNSS^(注)を活用し、無人で圃場内を走行することができる。最適な走行ルートを事前に専用アプリで算出し、自動運転農機に送信するため、農業者は煩雑なルート設定を行う必要がなく、また複数台を並走させてもぶつかる心配がない。

（注）RTK-GNSS：リアルタイムキネマティック汎地球測位航法衛星システム。位置の分かっている基準局を利用し、位置情報をリアルタイムに算定し高精度に測位する方式

　農業者は圃場の脇でタブレット端末を使って自動運転農機を操作する。操作といってもテレビゲームのように、前後左右のボタンがあるわけではない。必要な操作は、基本的にスタートとストップの二つのみで、あとは自動で作動する。農業者はタブレット端末の画面で農機前後のカメラ画像でモニタリングし、異常がないかを確認することが主な役割となっている。一人で複数台の農機を同時に操作することが可能となり、裏を返せば農機1台当たりの人件費は数分の一に下がる。そのため、例えば稲作においてはコメ一粒当たりの人件費が大幅に低減されるのである。

　一部の自動運転農機にはカメラとAIを用いた人・障害物の自動検知機能が実装されている。まさに乗用車で普及が進む自動ブレーキ機能の農機版といえるものだ。このような新技術が新たに実装され、農業者が同時に操作可能な農機の台数が増えるとともに、現在は自動運転農機のガイドライン（農業機械の自動走行に関する安全性確保ガイドライン）で義務付けられている圃場脇での監視が事務所や管理センターからの遠隔監視に切り替えられていく、といった動きが加速すると考える（**図表1-3-6**）。

低価格化が至上命題の単機能型農業ロボット

　農業用ロボットの開発も盛り上がりを見せている。先行して研究開発

3　ここまで来たスマート農業

出所：筆者撮影

図表1-3-6　自動運転トラクター（内閣府SIPでの実証）

されてきたのが、特定の用途に絞った単機能型農業ロボットだ。代表例が草刈り（除草）ロボットである。農村地域では労働力不足で畦畔（圃場の端の傾斜地）の管理が不十分になり、水漏れや害虫発生等のリスクが増大しており、各地で重要な課題となっていた。それに対応するのが、田畑の畦畔等を自動で草刈りするロボットである。草刈りロボットは高い走破性を有しており、斜面でも走行、作業ができる。稲作では除草にかなりの時間をかけていたが、それが自動化されることで農業者の負担は大きく減じられる。草刈りロボットの普及に向けた課題はコストだ。いかに便利なロボットでも高くては意味がない。農業者が手の届く価格（50万円程度）が政策目標として掲げられ、農林水産省の事業を通じて大胆なコストダウンが進められている。

　自動収穫ロボットにも注目が集まっている。パナソニックや宇都宮大学等による、トマトやイチゴの自動収穫ロボットの開発が進展しており、技術的には実用化段階にあると言えよう。自動収穫ロボットは、ロ

45

ボットに搭載されたセンサーで果実の大きさや熟度を判断し、ロボットアームで自動収穫する。一部の収穫ロボットは、収穫の効率化にAIを活用している。自己学習により、より効率的な収穫方法を探索し、効率を向上するという仕組みであり、使えば使うほど技術的に「こなれてくる」のが特徴である。

　未来感に富むロボットとして期待されている自動収穫ロボットだが、課題は価格の高さである。ハイテク技術の塊である自動収穫ロボットの中には1台1,000万円に近い価格のものもある。一方で、自動収穫ロボットは、収穫期以外は休眠状態にあり、また多くの製品は可搬性に乏しく、複数の温室でローテーション利用するといった工夫もしにくいため、年間を通じた稼働率がどうしても低くなってしまう。そのため現状では、自動収穫ロボットを導入するよりも、パートタイムやアルバイトのスタッフを雇用した方がはるかに収益性が高い状況にある。今後労働力不足がいっそう深刻化した際には「高くても使う」という経営判断も出てくるだろうが、現状はまだ普及の手前の段階だ。

　これらの農業ロボットの社会実装に向けて、農林水産省では、前述の「農業機械の自動走行に関する安全性確保ガイドライン」に新たに小型の農業ロボット（草刈りロボット）が追加されている。

自律多機能型農業ロボット"MY DONKEY"

　単機能型農業ロボットとは別の進化を遂げているのが、多機能型農業ロボットである。一台でさまざまな作業に対応することができるため単機能型よりも稼働率が高まり、コスト低減につながる点が強みだ。

　筆者らは日本総研の研究員として実際に多機能型農業ロボットの開発に取り組んできた。日本総研が研究開発と実用化に関わっているのが、自律多機能型農業ロボット"MY DONKEY（以下、DONKEY）"（**図表1-3-7**）である。前著「IoTが拓く次世代農業-アグリカルチャー4.0の時代-」（日刊工業新聞社）で具体的なコンセプトを提示し、さまざまな企業・大学と協働して開発した技術である。

3 ここまで来たスマート農業

出所：日本総合研究所

図表1-3-7　MY DONKEY（実証機）の外観

　DONKEYは、栃木県茂木町を中心とする農業者に実証に協力してもらい、現場の意見を重視しながらロボットとしての完成度を高めてきた。DONKEYの基本コンセプトは「①農家と作物をつなぐ、②農家とともに成長する、③地域とともに栄える」の3点である。そこには技術の品評会的なオーバースペックなロボットではなく、農業者を助けるロボットを作りたいという思いを込めた。

　DONKEYはベースモジュールを共通化することでコストを低減するとともに、アタッチメントを換装することで、多様な品種、多様な作業に対応できる。茂木町では果菜類（ナス、イチゴ等）、葉菜類（ほうれん草、かき菜（栃木の伝統野菜）等）を中心に技術を実証してきた。茂木町の実証には若い農業者だけでなくベテラン農業者にも参加頂き、また海外から招いた若い農業技術者も途中から参加する等、まさに多様な農業者に寄り添う農業ロボットになりつつあると感じている。

　DONKEYには3パターンの走行モードが備えられている。一つ目が

画像認識と位置情報による自律移動モード、二つ目が画像認識による農業者に対する自動追従モード、三つ目がリモコン走行モードである。この中で実際に農業者に使ってもらう頻度が高いのが、自動追従モードだ。例えば、収穫用のコンテナをDONKEYに搭載して農業者を追従することで、農業者を重量物の運搬から解放することができる。また、農薬や液肥の散布装置のような重量物をDONKEYに載せて自動追従させることで、筋力の低下してきたベテラン農業者の身体的負担を下げることも可能だ（図表1-3-8）。

　DONKEYの効果は効率化・省力化だけにとどまらない。DONKEYのもう一つの強みは、我々が「データ農業サービス」と呼んでいるデータの有効活用である。上記の収穫支援機能を通じて、DONKEYは収穫の時間、位置、収穫量を自動で収集している。それらのデータが1mメッシュで整理されてクラウド上に構築されたDONKEYデータプラットフォームに保存される。農業者は、専用のDONKEYアプリケーショ

出所：筆者撮影

図表1-3-8　MY DONKEYを使用する農業者（ナス栽培）

ンを使ってスマートフォンやタブレット端末で作業履歴、栽培環境等の詳細なデータを閲覧することができる。特に作業履歴や収穫記録を1mメッシュのヒートマップで表示する機能が農業者から評判だ。作業や生育のムラをマップ形式で網羅的に判断できるため、まずはヒートマップで全体を俯瞰し、気になった点のデータを時系列グラフや表として見ていく、といった活用をしてもらっている。

　DONKEYのデータ農業サービスには、農作業者ごとの習熟度のフィードバック機能や、収穫時期や収穫量の予測機能、ベストプラクティス導出機能等が随時実装されていく予定である。地域ぐるみでDONKEYを導入することで、地域全体でノウハウ共有や新たなノウハウを獲得するといった効果を得られる。開発者の一員として、DONKEYが地域の農業者や住民を結ぶ懸け橋になってくれればと願っている（図表1-3-9）。

機能向上が進む農作業用ドローン

　農業分野におけるドローンの活用はモニタリング用が先行してきた

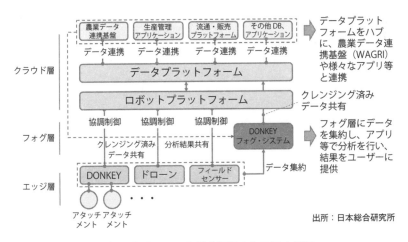

図表1-3-9　MY DONKEYのシステム概要

が、近年は農作業用の中型・大型ドローンの実用化も進んでいる。

　ドローンは空中で静止（ホバリング）できるため、液体肥料や農薬を狙ったところの真上から散布できる点が強みである。以前は風で散布物が流れてしまうドリフトが問題視されていたが、噴霧ノズルの位置・形状をドローンから地面に向かう風（ダウンウォッシュ）に合わせることで、ピンポイント散布が実現した。

　課題は積載量の少なさと稼働時間の短さである。多くの農作業用ドローンの積載量は数10kg程度にとどまり、面的な農薬散布や肥料散布には不適といえる。一日に何度も農薬・肥料を補充したり充電したりする、という利用形態ではなかなか普及しない。現状では、面的に大量の散布を行うのではなく、モニタリング用ドローンでセンシングしたデータをもとに、病虫害発生箇所へのピンポイント防除、生育不良エリアへのピンポイント追肥といった活用策が効果的であろう。

稲作のヒット商品 "水田自動給排水バルブ"

　自動運転農機、ドローン、ロボット等の派手なハイテク機器が目立つスマート農業分野だが、実は隠れたヒット商品がある。それが、水田自動給排水バルブである（図表1-3-10）。

　水稲では田植え前に用水路から導水して田に水を張り、ある程度生育した段階で水を抜く。加えて、農業者によっては生育ステージや天候に応じて田面水の水位を微調整することで、リスク低減や品質向上を図っている。近年、地域の中核的な農業法人等を中心に、栽培規模を拡大するコメ農家が増えている。それに伴い、1戸あたりの水田の枚数が飛躍的に増加した。1戸で100枚以上の田を管理することもあり、給水・排水だけでも膨大な労働時間を要する。加えて、ノウハウはあるものの労働力不足で適切なタイミングでの水管理が困難となった事例も散見される。

　本技術は、水田の給水バルブ及び落水板を、遠隔操作で開閉するものである。スマートフォンやタブレット端末のアプリケーションで操作で

3 ここまで来たスマート農業

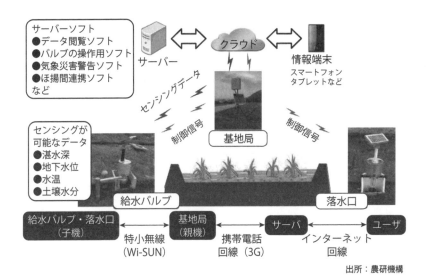

図表1-3-10　水田自動給排水システム

き、圃場近くの電波中継基地を経由して、各機器に指令が伝達される。遠隔の開閉だけでなく、設定した水位を自動的に維持することも可能である。これにより農業者の水管理に要する時間が9割程度削減されるとの報告もされている。

　農林水産省の農林水産技術会議が選ぶ2017年度の「農業技術10大ニュース」にも選ばれており（TOPIC①「ICTによる水田の自動給排水栓を開発 −スマホでらくらく・かしこく水管理−」）、農業者からの期待が高まっている。実際、2018年度は複数のメーカーから自動給排水バルブが発売されたがすぐに完売したという。農業者の痒い所に手が届く好事例と言える。

(2) 政策の1丁目1番地となったスマート農業

スマート農業推進の2本柱〜集中的な技術開発と継続的な規制緩和〜

　かつては農業者に対する保護・補助が農業政策の要だったこともあったが、アベノミクスの一環で農業の成長産業化が謳われるようになって、農業の競争力強化を重視する流れに変わってきた。農業就業人口の減少と耕作放棄地の急増により崖っぷちに追い込まれてきた日本農業にとって、IoTやロボティクスによって農業の競争力を根本から高めることができるスマート農業は、まさに農業政策の1丁目1番地とも呼ぶべき重点政策となっている。

　日本農業の課題解決のための切り札であるスマート農業を早期に実用化し、迅速に農業者に広く普及させるため、政府は2つの重点的な政策を進めてきた。それが、集中的な技術開発プログラムの展開と、継続的かつ迅速な規制緩和の2点だ。これらの2本柱の政策を実施するに先立ち、農林水産省では農林水産業の開発目標を定めた技術ロードマップを策定した。単発の技術開発ではなく、将来の農業生産のあり方から逆算し、新たな品種、農機、設備、農法等をパッケージ化し、それぞれの研究開発の内容とスケジュールを示すことで、研究開発と規制緩和を含めた政策パッケージとして省庁横断型で積極的に政策を実施できたのである。

技術開発政策①：スマート農業を実用段階に引き上げた内閣府SIP

　はじめにスマート農業技術の開発政策を見てみよう。集中的な技術開発プログラムとして、スマート農業技術の開発の中核となったのが、前述の内閣府の戦略的イノベーション創造プログラム（通称：SIP）である。SIPにはエネルギー、交通等11分野が設定され、農林水産業を対象とした「次世代農林水産業創造技術」がそのうちの一つとして選定された。SIPは従来の個別の公的な研究開発事業と異なり、ガバニングボードが全体を管轄するとともに、有識者やビジネスパーソンから選定され

3　ここまで来たスマート農業

たプログラムディレクター（PD）、サブプログラムディレクター（サブPD）、戦略コーディネーターが各実証事業を牽引・助言する役割を担う、という推進体制が構築されているのが特徴である。これにより、農業者目線での研究開発が意識づけられるとともに、研究成果の社会実装のための出口戦略がしっかりと練られるようになった（図表1-3-11）。

　農林水産業分野には、水田作、植物工場、機能性農産物等の実証コンソーシアムが設けられた。その中の水田コンソーシアムを中心にスマート農業技術の研究開発が推進され、高品質かつ省力的な稲作経営を目標に掲げ、自動運転農機、ドローンや人工衛星によるリモートセンシング、自動給排水バルブ、収穫予測シミュレーション等の技術が横断的に開発されてきた。それぞれの研究グループ間での共同研究が積極的に進められ、リモートセンシングの結果を踏まえた自動運転農機による可変施肥、農業用1kmメッシュ気象データを活用した収穫時期シミュレー

分類	研究成果の例
機器・設備	・自動運転農機（トラクター、コンバイン、田植機） 　✓無人運転及び運転支援 ・農業用ドローン ・水田自動給排水設備 ・準天頂衛星対応受信機
システム・アプリケーション	・農業データ連携基盤（WAGRI） ・農業気象情報 ・リモートセンシング ・作物生育モデル ・病害虫発生予測モデル ・多圃場営農管理システム

出所：内閣府・農林水産省資料を基に筆者作成

図1-3-11　内閣府SIP次世代農林水産業創造技術
（生産システムコンソーシアム）の主な研究成果

ション、といった研究グループの壁を越えた技術パッケージが生み出されている。

　SIPの生産システムコンソーシアムでは、5か年の事業期間の途中で、政府の主導するSociety5.0に基づくデータ駆動型農業を実現することを目標に、農業データ連携基盤の構築が新たなテーマとして追加された。農業データ連携基盤のプロトタイプが構築されたことで、農業データ連携基盤を通して、各研究をより有機的に結び付け、新たなソリューションを生み出しやすくなった。

　SIPでは、従来の委託研究や補助事業よりも、社会実装に重きを置いてきた。これにより、大手農機メーカー各社の自動運転農機（自動運転トラクター等）や、水田自動給排水バルブ等のスマート農業機器が市販化に至るとともに、2019年4月には農業データ連携基盤が正式に稼働した。農業データ連携基盤には、SIPで実用化されたコメの収穫予測シミュレーション等のアプリケーションが実装され、農業者への提供体制が整った。

　ガバニングボード及びPD・サブPD・戦略コーディネーターを中心とした推進体制により、従来の農林水産省の委託研究事業や研究補助事業では難しかった、期間中の柔軟なテーマ変更・統廃合や研究者間の連携促進が実現した。加えて、「研究のための研究」ではなく、社会実装を強く意識した研究開発への取り組み方が浸透したことは、スマート農業の実用化に大きく寄与したと言えよう。

技術開発政策②：成功事例を生み出すためのスマート農業加速化実証プロジェクト

　SIP等を通して実用化に向けた開発が進んだスマート農業技術を、農業者に迅速に普及させるため、農林水産省は2019年より2か年の期間で「スマート農業加速化実証プロジェクト」及び「スマート農業技術の開発・実証プロジェクト」（以下、両者を合わせてスマート農業実証と呼ぶ）を実施中である。2019年度は約50億円の予算を確保し、全国100

箇所近くでスマート農業を核とした一貫体系（単発の技術導入ではなく、栽培全体に包括的にスマート農業技術を導入する体系）の実証を進めている。スマート農業実証を通して全国にスマート農業の成功事例を創出し、スマート農業に関心を有する地域の農業者のお手本になってもらうという狙いがある。

　本事業のポイントはスマート農業技術を一貫体系として導入する点だ。スマート農業は各システム、機器がデータ連動してこそ効果を発揮するものであり、個別の機器のつまみ食いでは十分な効果を得られない。そこで、例えば稲作では、単に自動運転トラクターを一台導入するのではなく、生産管理システム、自動給排水バルブ、農業用ドローンによるリモートセンシング、自動運転農機等を総合的に導入し、営農全体のスマート化を目指している。

　本事業の約2年間を通して、スマート農業一貫体系の成功事例を創出するとともに、価格の高さが懸念されているスマート農業技術に関して、メーカー側の製造コストの低減を促す。現在はまだIoTへの関心が高く、かつ資金力に富む一部のイノベータによる導入にとどまるが、2021年度には無理のないコスト水準で幅広い農業者が当たり前のようにスマート農業技術を導入し始めるようになると期待される。

　SIPからスマート農業実証へとシームレスな開発・実証が行われるよう、本事業では各実証プロジェクトで取得した営農パフォーマンスデータを、農業データ連携基盤を通して集約し、農研機構が広く経営分析することが定められている。農業データ連携基盤を活用したデータ駆動型農業の先駆けである。

新技術の社会実装を後押しする規制緩和とガイドライン作成

　スマート農業のもう一つの重点政策が、現場視点の規制緩和である。スマート農業の円滑な普及のため、さまざまな規制緩和とガイドライン作成が進められてきた。スマート農業に関する規制改革は、農機やドローン等のハードウェアに関するものと、農業データの取り扱いの二つ

に大別される。

　自動運転農機や農業ロボットの一部については、「農業機械の自動走行に関する安全性確保ガイドライン」が2017年に策定された。日本再興戦略2016でガイドライン策定が明示され、農林水産省の「スマート農業の実現に向けた研究会」等での議論をへて策定されたものである。ガイドラインでは、製造者、導入主体（農業法人等）、使用者（農作業者）のそれぞれに、順守すべき事項が設定されており、自動運転トラクターや、除草ロボット等の一部の農業ロボットが対象となっている。本ガイドラインにより、メーカーは基準に従って安心して開発・製造・販売を行えるようになった。

　一方で、ガイドラインは技術開発の推進に伴う迅速な見直しが欠かせない。また、実証事業の進展に伴い、農業者から現場目線での要望、課題が出されるようになってきた。自動運転農機に関して、現ガイドラインで対象となる自動化はレベル2にとどまるが、AIによる衝突防止技術の実用化が進む中、今後は規制緩和によりレベル3にも随時対象を広げていくべきだ。炎天下でも、雨の日でも、体調不良の日でも圃場脇から目視で自動運転農機やロボットを監視しないといけないようでは、ユーザーフレンドリーとは言い難い。

- ◇　レベル0：手動操作
- ◇　レベル1：使用者が搭乗した状態での自動化（直進支援田植え機、自動操舵システム等）
- ◇　レベル2：圃場内や圃場周辺からの監視下での無人状態での自動走行
- ◇　レベル3：遠隔監視下での無人状態での自動走行

　ドローンによる農薬散布に関しても規制緩和が進む。ドローンによる農薬の空中散布には、①航空法に基づく規制、②農薬取締法に基づく規

制、③電波法に基づく規制、の3つが主に関係している。農林水産省は農業用ドローンのガイドライン「空中散布における無人航空機利用技術指導指針」を改正し、自動操縦システムによる農薬散布が解禁された。監視義務や公道またぎ等の規制について、さらなる緩和が検討されている（図表1-3-12）。

もう一つの重要な規制緩和が農業データの利活用に関するものだ。2018年末に農業データの利活用に関するガイドラインが策定された。この「農業分野におけるデータ契約ガイドライン」では、農業者のデータやノウハウの流出を防ぎつつ、データ利活用を促進するため、農業データの特性に鑑みたモデル契約書が整備された。モデル契約書は、経済産業省の「AI・データの利用に関する契約ガイドライン（データ編）」をベースに、農業の現場の実態を踏まえて策定されたものである。本ガイドラインでは、「データ提供型契約」、「データ創出型契約」、「データ共用型契約」、の3パターンのモデル契約書が公開されている。

農業者にとって農業データはノウハウの塊であり、慎重な取り扱いが求められる。データ駆動型農業の重要性は理解しつつも、データ流出が不安でスマート農業を始めることを躊躇してきたという農業者もいると

①「データ提供型」契約	データ提供者のみが保持するデータを、別の者に提供する際に取り決める契約
②「データ創出型」契約	複数の当事者が関与することにより、従前存在しなかったデータが新たに創出される場面において、データの創出に関与した当事者間で、データの利用権限を取り決める契約
③「データ共用型」契約	プラットフォームを利用したデータの共用を目的とする類型の契約

出所：農林水産省

図1-3-12 「農業分野におけるデータ契約ガイドライン」の3つのモデル契約

聞く。農業者の懸念点を踏まえたモデル契約書が整備されたことで、農業者の不安感や心理的なハードルは下がっていくだろう。農業特有の事情に鑑みた迅速なガイドライン整備により、複数の農業者によるデータ連携や、自治体やJAといったコミュニティーにおける統合的なデータ活用の道が拓けたのである。

(3) 農業を魅力的な産業にするためのアグリカルチャー4.0

農業の歴史の最先端にある「アグリカルチャー4.0」

　前著では、IoT等を駆使した「農業者みなが儲かる農業」としてアグリカルチャー4.0というコンセプトを提唱した。

　狩猟採集から農業に移行した古代の農業は、雨水に頼った天水農業であった。そこから、人為的に水を貯めたり、引いてきたりする灌漑農業が始まった。当時、水の管理には高度な技術と統制が取れた運営が必要であり、そうした課題を克服した灌漑農業が発展した地域で四大文明（メソポタミア文明・エジプト文明・インダス文明・黄河文明）が生まれた。さらに中世ヨーロッパで主食栽培、飼料栽培、畜産等を組み合わせた高度な輪作が広まったことで、農業の供給力は飛躍的に向上し、それに伴って生じた余剰労働力が都会に移り産業革命を支えたといわれている。このように、紀元前から中世に至るまで、人類の文明と歴史の中心には農業があった。

　近代になると科学と工業の発展により農業に新たな波が到来した。19世紀末から20世紀にかけて農業機械が普及し始め、農作業の効率が飛躍的に向上した。さらに20世紀に入り化学肥料の製造方法が確立されると、それまでの自然の力に依存した農法から化学肥料を前提とした農法へと変化した。特に、1940年代から1960年代のいわゆる「緑の革命」では、各地でコメやムギの単収が何倍にも増加し、急増する人類を飢餓から救ったと評価されている。一方で、化学肥料や農薬を大量に使用する農法により土壌や水が汚染されるという弊害も生じた。古代から農業生産は飛躍的に向上したが、その一方でいまだ収益面、労働面、環境面等の様々な課題が未解決のまま取り残されてきた。

　このような連綿とした農業の歴史の最先端に位置するのが、IoT・AI・ロボティクスを活用した「農業者みなが儲かる農業」＝アグリカルチャー4.0である（図表1-3-13）。

図1-3-13 農業の発展の歴史(筆者による定義)

アグリカルチャー4.0の第1のポイント：儲かる農業

　アグリカルチャー4.0の実現には、二つのポイントがある。一つが「儲かること」だ。日本の農業は高い技術力を誇り、世界最高水準の農産物を産み出しているにも拘わらず、儲からない産業とされてきた。儲からない産業にヒト・モノ・カネは集まらない。優れた技術を生かして丹精込めて育てた農産物が高く評価されているのに相応しい儲けが得られる産業構造が必要である。

　拝金主義、利益第一を意味する訳ではない。農業が我々の命を支える大事な産業だからこそ、農業者が誇りを持って農業を営み、十分な生活資金を得られるようでなければならないということだ。外部の人間が、農業で儲けるなんて下品だと無責任な意見を飛ばし、農業者に「やりがい搾取」を強いるのは極めてアンフェアだ。若い人が夢と希望を描ける

産業にならなければ日本の農業に未来はない。

　IoTを活用して収益を高めるためには、①単価向上、②単収向上、とともに、③コスト低減を実現させればよい。農業のバリューチェーンに合わせて、順を追ってスマート農業技術の利用策を見ていこう。

　単価と単収を高めるための第一歩が、データの分析・共有によって、匠の農家のノウハウを他の農業者に技術移転することである。長い年月をかけてコツコツと習得してきた技術を、データの活用により一足飛びに獲得できる環境を作るわけだ。これまでも標準的な栽培方法が記された栽培マニュアルはあったが、経験の浅い農業者にとって農作物の状態や栽培環境に応じて臨機応変な対応を講じるのは難しかった。データ駆動型農業は、単なるマニュアルのデータ化ではなく、農作業の状況を踏まえた判断までをシステム化したもので、農業者の経験不足をも補い得る。こうした先進技術を使った技術水準の底上げが、単収と収量の増加の基礎となる。

　次の段階は、きめ細やかなモニタリングによる最適な農作業である。施肥を例にすると、肥料の量、配合（窒素、リン、カリウム、その他微量元素の割合）、タイミング等が農産物の品質に影響するため、モニタリングデータを解析してベストな作業内容を提示する。適切なモニタリングは病虫害や高温／低温障害等のリスクの低減にもつながる。

　作業の段階に入ると、高効率で技術の再現性が高い、自動運転農機、農業ロボット、ドローン等を使ったスマート農業が役立つ。これらの技術を駆使することで、適切なタイミングで正確な作業を行うことができる。例えば、農薬を所定の密度で散布するには一定の熟練が必要なため、未経験者だとムラが生じてしまうが、農業ロボットなら高い精度で均一に散布することができる。モニタリングと自動化技術を組み合わせれば、これまで匠の農家が十分に目配りした範囲でしか実践できなかった高水準の栽培手法が広く再現できるようになる。

　農産物の栽培データは販売段階でも効果を発揮する。生産管理システ

ムにより農作業内容が透明化されることでトレーサビリティが確保され、消費者は安心して農産物を購入できるようになる。さらに、農業者のこだわりや創意工夫に関する作業データや、丹精込めて農作業を行う姿（画像、動画）等に関する情報をSNS等を通して消費者に提供することで、コト消費を喚起し、高単価での購買につながる。

　スマート農業は単なる生産効率化のツールではない。計画立案から販売までのバリューチェーンの各所で効果的にIoTやデータを活用することで、収益向上とコスト低減を実現し、利益率の向上を実現できるのである。

アグリカルチャー4.0の第2のポイント：皆ができる農業

　アグリカルチャー4.0が目指すもう一つのポイントは、「皆ができる」農業である。皆ができる農業、にはいくつかの観点がある。

　一つ目が、経験の多寡を問わないことだ。若手やUターン・Iターンの新規就農者が地域に定着してくれるかが、地域の農業と社会の存続を左右する。データ活用と自動化技術を駆使すれば、初心者の農業者であっても一定水準以上の農業を行うことが可能となる。残された課題は、ICTやIoTに詳しくない農業者でも気軽に使える作業環境を確保することだ。他分野に目を向けると、例えば、最近の乗用車はまさにハイテクの塊で、高齢者や女性ドライバーでもハイテクの存在を意識せずに安心して運転することができる。それに比べると現在のスマート農業はまだマニア向けの雰囲気を払拭できておらず、ユーザーフレンドリーとは言い難い。

　二つ目が、体力や筋力に依存しないことだ。かつての農作業は体力、筋力が必須で、力自慢、体力自慢が優れた農業者の条件の一つであった。アグリカルチャー4.0では、筋力の落ちたベテラン農業者でも、IoTを駆使することで過度の負担なく農業を行うことができる。足の不自由な車いすの方でも、自動運転農機のオペレータ（監視役）、農業用ドローンを使ったモニタリングの役を担うことができる。IoTの導入は農

業のバリアフリー化でもあるのだ。

　三つ目が、農業の規模や品目に制約されないことだ。スマート農業には「スマート農業は大規模農家にしか役立たない」という懐疑的な意見がある。スマート農業の黎明期には大規模な水田向けの技術が多かったのは事実だ。しかし、近年は中小規模の圃場でも使える技術が数多く出現している。農作業用ドローンや農業ロボットは大規模圃場よりもむしろ中小規模圃場でこそ真価を発揮する。データ農業の要となる生産管理システムは営農規模を問わない技術だ。スマート農業技術の対象品目も、主食のコメから野菜、果樹、畜産等に拡大しており、幅広い農業者がスマート農業を使える時代が目前に迫っている。

　最後は、資金力を問わないことだ。いくら優れた技術でも、高額な投資が必要となると二の足を踏んでしまう。裕福な農業者しか導入できないようではアグリカルチャー4.0が目指す皆が儲かる農業は実現しない。技術革新と量産効果によりIoT関連製品の価格は低下、サブスクリプションモデルなどによる負担の平準化、農作業のアウトソーシングなどが期待できるようになっている。資金力に乏しい農業者ほどスマート農業を欲している、という農業の実態に応え得る環境が整いつつある（**図表1-3-14**）。

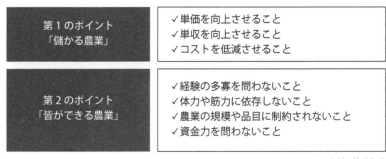

図1-3-14　アグリカルチャー4.0の2つのポイント

パート 2

農村デジタルトランスフォーメーション

4 デジタルトランスフォーメーションが農業を魅力ある産業に

(1) アグリカルチャー4.0の進化のプロセス

アグリカルチャー4.0を農業から農村へ

　パートⅠで述べた通り、若者、Uターン・Iターン・Jターン人材等、農村に移住したいと考える人材は少なくない。また、その中で農業を営みたいと考えている者も多い。人口減少、農業就業人口の減少に悩む地方自治体にとって、これらの人材は非常に貴重な存在である。

　その背景には、都市の暮らしにくさ、生きにくさがあるのではないか。日本全体としては人口減少局面に差し掛かっているにも拘らず、大都市圏は人口集中が進み、生活環境の悪化と生活コストの上昇が顕著となっている。首都圏のビジネスマンには、長時間の満員電車に揺られ、オフィスに到着した際には疲労困憊している人が多い。また、家賃を始めとする生活コストにより家計がひっ迫している。都市部の「空気」になじめない者も多い。都市の生きにくさは生活環境だけではない。仕事の面でもストレスが大きい。都市部の職業の中には、厳しい競争を余儀なくされる面が多いからだ。そこで心身をすり減らす。地方都市出身の筆者も、いまだに東京という大都会に息苦しさを感じる時がある。

　そのような都会を脱出し、自然に囲まれた悠々自適な生活への憧れを抱き、子育てや老後の場として農村暮らしを選択する人がいる。農村移住に加え、短期滞在型のクラインガルテン（簡易宿泊施設のある滞在型市民農園。セカンドハウス的に使用されることも多い）等、「農業＋田舎暮らし」へのニーズが高まっている。書店には田舎暮らしに関する書籍が並び、移住をテーマにしたテレビ番組も人気を博している。これら

の人が新住民として農村に定着し、都市と農村の間の移動がある程度双方向になれば、農村地域の経済、文化の維持に貢献するはずだ。政府の地方創生政策の中でも移住や都市農村間の交流が重要なテーマの一つとなっている。

　移住希望者、受け入れ側の地域がともに高い期待を持つ一方で、残念ながら移住した人材が地域に定着しないケースも散見される。主な要因は、①農業で生計を立てられないこと、②農村の生活が不便なこと、の2点である。

　はじめに農業の収入面に焦点を当てる。農業で生計を立てられない理由には、農業のノウハウがない、販路開拓が難しい、気候や病害虫のリスクが大きい、適切な農地が確保できない等様々な理由が挙げられる。病害虫リスクの低減や販路開拓はベテラン農家でもしばしば直面する悩みであり、新規就農者にとっては非常に高いハードルである。非農家（親が農業者でない）の新規就農者にとっては、農地や農機等を揃えるだけでも一苦労である。

　次に、農村生活の課題を見てみよう。農村の生活が不便とする背景には、交通手段がない、友人や親族とのコミュニケーションがとりにくい、買い物が不便等の課題がある。農村地域は車社会であり、公共交通機関は都市部と比べてはるかに脆弱である。地域の交通の命綱的存在であった路線バスも採算悪化に伴い路線廃止や便数を削減されるケースが増えている。自家用車がない世帯、特に高齢者にとって、日常の買い物、外食、通院等が極めて不便となっている。農村の人口減少や店主の高齢化により、地域のスーパーマーケットが閉店し、買い物難民が発生することもある。

AI/IoTが解決策

　農村地域の農業及び生活の課題に関して、AI/IoTによる解決策が模索されている。前著「IoTが拓く次世代農業―アグリカルチャー4.0の時代―」では、農業生産の課題に対して、AI/IoTを駆使したスマート

農業による解決策を提示した。例えば、自律多機能型農業ロボットMY DONKEYを導入することで、野菜を栽培する家族経営農家が一人当たり年収900万円台を達成できることを示した。その後の2年間で、スマート農機、農業用ドローン、農業ロボット、農業ICTシステム等のスマート農業技術の実用化は大きく進展し、農業者による導入事例も増加している。前著で提唱したMY DONKEYも技術開発が進み、栃木県茂木町等の農業現場での活用が始まっている。

一方で、近年のスマート農業政策の課題も顕在化している。スマート農業をうまく活用して儲かる農業を実践できているのは一部の農業者にとどまることだ。先進的な農業者、マーケティング理論で言えば、イノベータのみが儲かる農業を実現するだけでは、日本の農業を活性化することはできない。スマート農業の普及が始まった今、「儲かる農業」を面的に広げることが必要なのである。

また、農村生活におけるAI/IoTの導入は、農業生産の変革と比べても歩みが遅い。これでは農村に人材が定着しない二つ目の課題を解決できない。農業生産の現場まで到達したIoT化の波を、次は地域の生活インフラにまで広げることが重要だ。例えば、農作物のモニタリングにドローンの活用を始めた地域にとって、防犯やインフラ維持補修でドローンを活用するためのハードルは決して高くないだろう。スマート農業は農村のデジタル化の先遣隊的な存在となり得るのである。

IoTは、農村生活の不便さを大幅に解消できる可能性を秘めている。農村全体を丸ごとIoT化することが、スマート農業の次のトレンドだ。スマート農業からスマート農村ライフへのステップアップを果たせるかに、農村の未来がかかっていると言っても過言ではない。

アグリカルチャー4.0の進化の4ステップ

アグリカルチャー4.0を「農業」から「農村生活」へ広げていくためのステップは、以下の4段階となる。

4 デジタルトランスフォーメーションが農業を魅力ある産業に

アグリカルチャー4.0の進化の4ステップ
- ❖ **ステップ①儲かる農業**
  - 革新技術で農業の規模と質を向上
- ❖ **ステップ②誰でも参加できる農業**
  - 革新技術で農業の3Kを解消
- ❖ **ステップ③安心できる農業**
  - 革新技術でリスクが低く、安心できる農業に
- ❖ **ステップ④ラストリゾートとしての農業・農村**
  - 革新技術で農村を日本人が最も住みたい場所に

　このうち、ステップ①、②がパートⅠ第3章（3）で述べてきた農業生産現場でのアグリカルチャー4.0、つまりスマート農業の流れである。簡単にステップ①、②を振り返ってみよう。

　ステップ①では、AI/IoTを活用したスマート農業の技術により農業者が「儲かる農業」を実現する。これにより地域に成功者・リーダーが生まれる。IoT等の革新技術で農業の規模拡大と品質向上を両立させることがポイントである。まず、農業ICTシステムから得られたデータを基にPDCAを回すことにより、作業効率向上やコスト低減を実現する。つまり、製造業で当然のように実施されてきた工場管理の手法を農業に横展開するのである。さらに、作業支援型・効率向上型のスマート農機・農業ロボット・農業用ドローン（操舵アシスト農機、作業支援ロボット、散布用ドローン）の導入により、労働生産性を向上させて、収益向上を実現する。こうして他産業並みの収入を確保できるようになることで、農業に関心を有する者が就職の選択肢に農業を入れるようになる。オランダのように大学卒の人材が就農する機会も増えるだろう。

　続いて、ステップ②ではスマート農業技術の自動化をいっそう推進し、人手がほとんどかからない農作業体系を実現し、農業者を3Kから

解放する。筆者自身もしばしば農作業を手伝っており、農作物や大地と触れ合う農作業の良さを否定するつもりはないが、やはり重労働、長時間労働、過酷な環境下（炎天下等）での労働は避けたいものだ。スマート農業による自動化は、極論すれば、「農作業を行わない農業者」が生まれる、ということだ。農業者の業務の中心は、企画・研究開発・マーケティング等にシフトする。これにより、農業はより楽しく、クリエイティブな仕事へと変わるだろう。

ロボティクスやAIを活用して、ステップ①よりも一層の作業自動化を推進する。例えば農機や農業ロボットは、「操作支援（直進支援等）→協調運転→遠隔操作→無人化」と高度化し、農業者の作業タスクと作業時間は逓減される。もちろんその中でブランド化や充実感のために、一部の作業に敢えて手作業を残すこともあるだろう。

都会の喧騒から離れ、豊かな自然に囲まれた環境でクリエイティブな業務を行う、という新たな農業者像が見えてくる。優れた農業者の指標が、従来の経験、筋力・体力ではなく、企画力・開発力・販売力等に変化していくだろう。加えて、3Kからの解放により、農業を志す者は、肉体的な制約の有無にかかわらず営農することが可能となる。重たい機器や資材を持ち上げることが困難な筋力の弱い高齢者や女性、車いすの方のように身体的機能に制限がある障がい者等の多様な人材が農業を営めるようになり、農業のダイバーシティ化が加速する。

ステップ③　安心できる農業

　ステップ③からがアグリカルチャー4.0のさらなる進化となる。ステップ③は、農業者が安心できる、リスクの低い農業だ。農業は工業やサービス業よりもリスクが高い面がある。台風等の自然災害、日照不足、病気の蔓延、価格の暴落等、農業特有のリスクは多岐にわたる。

　リスク低減のためには、リスクの発生予測と事前の対応が効果的である。高度なデータ解析と予防的な自動作業等によって、天候リスクや病害虫リスク等の最小化や、需給マッチングシステムの導入等による市場

リスク・販売リスクの最小化により、農業特有のリスクを最小限に抑え込むことが可能である。

　各種センサーでデータを収集しAI分析やビッグデータ解析を行うことで、従来農業の甚大なリスクであった天候リスクや病害虫リスクを最小化することが可能である。リアルタイムでのデータ取得とAI分析により、天候リスク・病害虫リスクを予察できる。加えて、リスクが顕在化する前に予防措置をとることで被害を最小に抑え込むことができる。例えば、予測に基づき先回りした施肥・農薬散布等により、日照不足、低温、病害虫の蔓延といった被害を低減することが可能だ。

　農業者を苦しめるリスクの一つが、市場価格の乱高下である。「豊作貧乏」という言葉に代表されるように、市場動向を読めないことが農業者の大きなリスクになっている。価格リスクの低減には、競りに基づき価格が変動しやすい市場流通ではなく、相対で価格を決定できるダイレクト流通へシフトすることが有効な選択肢となる。例えば、小規模なコミュニティーでは、クラウドファンディングや欧米のCSA（コミュニティー・サポーテッド・アグリカルチャー）のように、消費者・需要家と事前に価格を取り決めた上で農産物を生産するスキームが存在する。従来は互いに信頼のある小さなコミュニティーでしか、このようなモデルは成立しなかったが、AIによる大規模な需給マッチングプラットフォームを構築すれば、価格が安定し収益性の高いダイレクト流通の存在感がいっそう高まるだろう。これは卸市場の解体ではなく、むしろバーチャル卸売市場化というべきものである。需給マッチングプラットフォームが実用化すると、従来の市場流通と市場外流通（ダイレクト流通）という区分は意味がなくなっていく。

　このようなデジタル化によるリスク低減において欠かせないのが、「地域一丸で取り組む」という点である。個人では抑え込むことが難しいリスクでも、地域内が連携して各自のデータを統合的に分析したり、地域全体での予防策を講じたり、農業者間でのリスクヘッジを行ったり

することで、農業をリスクの少ないビジネスに変革できる。
ステップ④　ラストリゾートとしての農業・農村
　ステップ①〜③は農業という産業・職業の将来のあるべき姿を具体化したものである。ステップ④は①〜③で実現した次世代の農業を志す者が、不便さを感じることなく、好んで居住できる地域をAI/IoTを駆使して創り上げる段階である。

　冒頭に述べたように、豊かな自然、美しい景観、伝統的な文化・風習等を好み、農村での生活に憧れを抱く人は多い。都市部の企業に勤めるビジネスパーソンの中には、厳しい競争環境の中で健康やプライベートを犠牲にしてまで仕事にまい進することに疑問を持つ人もいる。

　農村には豊富な自然以外にも多くの長所がある。生活コストが都市部に比べて低い農村では、一定の蓄え＋農業収入により、安定的な生活を営むことが可能である。リタイア後に物価の安いアジア諸国へ海外移住する人がいるが、ぜひ国内の農村地域にも目を向けて欲しい。欧米ではビジネスマンが定年、もしくは早期退職して田舎に移住し、農業を営みながら人生を謳歌することが一つのモデルケースになっている。ビジネス、スポーツ、芸能等の分野で成功を収めた人が農場を開設するケースも多い。例えばサッカー界では、アルゼンチン代表の名ストライカーだったガブリエル・バティストゥータ氏が牧場経営を行っている例が有名だ。リタイア後の農業経営は、一種の社会的なステータスとなっているのだ。

　日本では、農村地域はそのようなライフプランの受け皿になれていない。都市部の便利な生活に慣れた者にとって、いまの農村は不便すぎるのが一因だろう。筆者のような地方出身者も、やはり大都市の便利さを一度味わってしまうと、不便な生活に戻ることを躊躇してしまう。「江戸時代の生活に戻ろう」といった懐古主義的な農村賛美は非現実的だ。農村だから不便でも仕方がない、では農村の本質的な良さまでが隠れてしまう。「不便さ」が農村の魅力な訳ではないのは言わずもがなである。

AIやIoTといったデジタル化の波は、「農村＝不便」という固定観念を打破できる可能性を秘めている。デジタル技術により農村の不便さを解消することで、農村本来の魅力を再発見できる。
　買い物を例にとろう。少し前まで、農村地域での買い物は場所、品目ともに限定されていた。ブランド品を扱う百貨店は存在せず、日用品を購入するためのスーパーマーケットが次々と閉店に追い込まれるような状況だった。ところが、Amazon等のインターネット販売の急拡大が状況を一変させている。インターネット販売により、農村に住んでいてもさまざまな品目を購入できるようになった。デジタルの世界に都市と地方の差はない。さまざまな商品がインターネットで購入できることで、農村の「買い物難民」問題は大きく改善した。
　コミュニケーションの課題も大幅に解消されつつある。スマートフォンとSNS（ソーシャル・ネットワーキング・サービス）の普及により、都市部・他地域とのコミュニケーションも改善されてきた。離れた相手とテレビ電話をすることもできるし、自らの考え、想い、メッセージをTwitter、Facebook、Instagram等のSNSを通して全国、全世界に発信することもできる。農村にいても多くのヒトとのつながりを実感できる時代となったのである。
　デジタル技術による様々な改善が進むが、一方で解決されない課題も散見される。交通については、残念ながら抜本的な解決に至っていない。ライドシェアのような新たな地域内の移動手段の台頭に加え、自動運転技術の実用化・普及には期待がかかる。農村地域ではバスの本数やタクシーの台数は限定的だが、自動運転バスや自動運転タクシーが実用化すれば状況は劇的に好転する。
　農村が便利に、そして元気になることは、日本経済の活性化に寄与する。農村地域の地盤沈下を防ぎ、農村が自立度を高めることにより、政府による国土保全や地域支援への支出、つまり国民の税負担の軽減にもつながる。

パート２　農村デジタルトランスフォーメーション

デジタル技術が支える新たな農業・農村の姿

　ステップ①〜③により安定的で儲かる農業、ステップ④により住みやすい農村が実現することで、日本の農村は、クリエイティブな仕事を行いながら豊かな自然に囲まれた生活を満喫できる「ラストリゾート」へと生まれ変わる。各人が志向やライフステージに合わせて都市居住と農村居住を柔軟に選択できるようになれば、都市と農村双方の課題解決に直結する。また、都市と農村の両方に住まいを設ける２拠点居住というライフスタイルも可能だ。

　以上のデジタル技術を駆使して４ステップを実現することにより、儲かる農業と住みやすい農村の両立が実現する。このような農業と農村の大変革を「農村デジタルトランスフォーメーション（略称：農村DX）」と命名する。（農村DXの詳細は次節で解説する）

(2) 農村DXとは

デジタル技術を駆使して構造変革を起こすのがDX

　DX（Digital Transformation）は、2004年にスウェーデンのエリック・ストルターマン教授が提唱した、「センサー等のデジタルデバイスが浸透してデジタル技術と物理世界が一体化し、相互に影響し合って実世界が知的になることで、人々の生活をあらゆる面でより良い方向に変化させる」という概念である。近年では、「IoT等のデジタル技術を活用したITの次世代戦略」という広義の意味で活用されることもある。

　しかし、本書では、ITをモノと組み合わせることの本質的な目標である「デジタル技術を用いて組織、ビジネスモデル、社会システム等の仕組みを変革し、新たな価値を生み出すこと」と定義する。

　そのために必要なのは、単なる最適化や効率化だけでなく、新たな付加価値付けを行うことである。Uberはこうした価値創出を行ったDX初期の代表例である（図表2-4-1）。Uberはマッチングの巧妙さや支払手段などが差別化のポイントと言われるが、その本質はデジタル技術によって、一般のドライバーにタクシードライバーに近い信用力を付与し、これまで車庫に眠っていた自家用車を旅客用車両とすることで、「顕在化していなかった信用力」と「休眠した自家用車」という二つのリソースを簡便に有効活用できるようにしたことにある。

　他人の自家用車をタクシーと同等の旅客用車として利用するには、ドライバーの信頼性を確保する必要がある。そのために、書類による評価だけでなく、ドライバーの過去の接客対応の評価、ドライバーの本人確認、スマートフォン等のGPSや画像センサー、加速度センサー等による運行履歴の確認、車内のユーザー評価等をオンラインで行うことで適格性のないドライバーを排除できるようにした。米国では一般のタクシーよりドライバーの品質が向上したという報告もある。こうした信頼性確保の仕組みと旅客車両と需要のマッチング手法によって、5％程度

パート2 農村デジタルトランスフォーメーション

しか稼働していなかった自家用車の移動サービスポテンシャルを開拓することができた。

ただし、当初のUberのシステムはAI/IoTの初期の技術であり、今後は運行の安全性を向上するために、車内や車両の運行情報等をリアルタイムに取得して遠隔で管理できるようにするなど、システムを進化させ、一層の信頼性と利便性を目指す必要がある。UberのDXによって掘り起こされる潜在的なリソースは、稼働率の低い自家用車、一般ドライバーの信用力と技術力、需要者の評価力、などである。

DXを構成する四つの要素

上述した事例から分かるように、DXによる変革は4つの要素（**図表2-4-2**）が組み合わさって実現される。Uberのビジネスモデルを題材に考えてみよう。

一つ目は、顕在化していないリソースを見出し、潜在量を見定めることである。顕在化していないリソースは、従来管理されてこなかったため、どこにどの程度存在するか分からない。そうした状態で、リソースがどこにどの程度存在し、何時使えるかを把握するには想像力が必要だ。一般ドライバーの時間がリソースになることに気づくと、どのようなドライバーがどのような車両を用いてサービスするかを想定していく。

二つ目は、顕在化していないリソースを使えるようにすることである。センサーで車両やドライバーの運転の安全性を評価するとともに、データを管理してドライバーの履歴とユーザーによる評価からドライバーを評価する。これにより、信頼できるかどうか分からなかった一般ドライバーの車に他人を乗せられるようになる。

三つ目は、使えるようになったリソースをサービスとして提供できるように供給管理することである。リソースをうまく使えるようにするには、モニタリングによるリソース管理、供給制御などを行う必要がある。

4 デジタルトランスフォーメーションが農業を魅力ある産業に

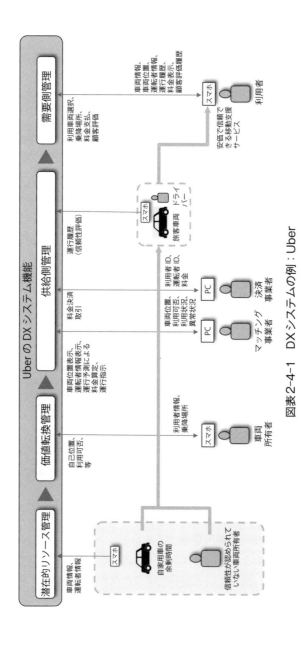

図表2-4-1 DXシステムの例:Uber

パート2　農村デジタルトランスフォーメーション

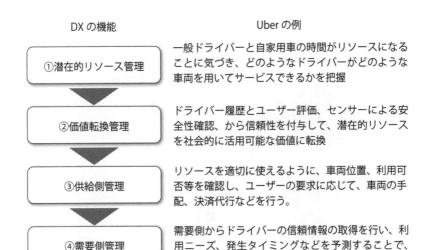

図表2-4-2　DXの四つの機能

　四つ目は、リソースの価値を認める需要家にサービスを提供するための需要管理である。需要の量、セグメントごとのニーズ、発生のタイミングなどを予測し、ネットワークを介してリソースとマッチングさせる。需要側からも、女性のユーザーが安心して乗車できるドライバーの車両を選ぶ、という管理ができるようにする。
　こうしたプロセスにより顕在化していないリソースを使って市場の仕組みを変革すれば、画期的なコストダウンが実現されるだけでなく、新たな価値の出現を期待できるようになる。

ポテンシャル高い農村のDX
　ここまで述べた価値創出の視点で見ると、農村にはDXのための高いポテンシャルがある。農村には、農業だけでなく農村全体に散在する潜在力のある空間、資源、機能が存在する。農作物で見れば、規格外品や残渣、稼働率の低い各種の機械、農業生産の合間で使われない資材、自

然資産の面で見れば、利用頻度の低い土地や豊かな自然環境、豊かな自然エネルギー、水資源、生態系、協力し助け合う地域文化、などである。こうしたリソースにデジタル技術を掛け合わせて新たな価値を生み出す。

例えば、天候と農村の電力需要をAI/IoTによって予測して太陽光発電由来の電力を蓄電すれば、域内の電力需給の多くを満たすエネルギーシステムを構築することができる。その際、蓄電した電池を計画的、かつ柔軟に共同利用できるシステムを作れば、より広い範囲に便益が及び、システムの効率性も上がる。農村全体で再生可能エネルギーが有効利用できるようになれば、地域の自立分散型エネルギーシステムへの道が拓ける。

農業者を悩ます害獣も、生態をAI/IoTによって予測すれば、迅速な捕獲と一次処理が可能となり、食用にできる割合が増える。そこで、加工処理プロセスの品質管理情報を共有し、調理の知識を加え、需要とマッチングすれば「畑を守るための害獣駆除システム」は「放牧型家畜の飼育・精肉・ジビエ料理システム」へ変革する。

農村には、この他にもデジタル技術との組み合わせで新たな価値を生み出すリソースがたくさんある。そのためにシステムを作れば、農村の社会的価値は文字通りTransformされる。

パート2　農村デジタルトランスフォーメーション

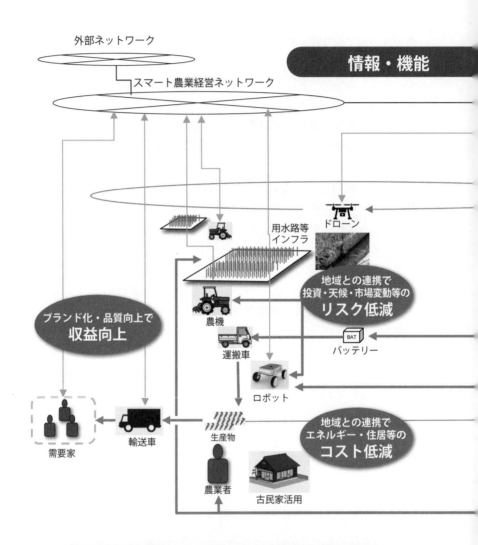

図表2-4-3　農村DXの概念図

4 デジタルトランスフォーメーションが農業を魅力ある産業に

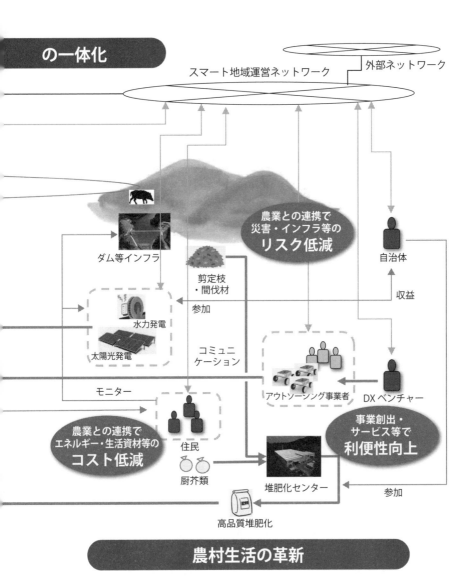

(3) 農村DXで"CASE"を起こす

農業と農村をまるごとデジタル化

　農村DXの実現の秘訣は、「農業」と「農村生活」を一体的にデジタル化することである。**図表2-4-3**の通り、農村には農業という産業と、住民（農業者含む）の生活が一体化して存在している。従来は、この二つが管轄官庁によって別々に取り扱われてきた。農業という職業は農林水産省が主に管轄しているが、農村生活は農林水産省に加えて、さまざまな官庁が関わっている。道路・交通は国土交通省、高齢者サポートは厚労省、教育は文科省、産業振興やエネルギーインフラは経産省、通信環境は総務省、といった形だ。

　デジタル化はこのような垣根を一足飛びに超える。IoT機器やデータの活用により、農業と農村生活に「橋」をかけるのである。

　農業と農村のモニタリングを例にしよう。農業用ドローンは農地・農産物のモニタリングと同時に、地域全体のモニタリングが可能である。それぞれの農業者やモニタリング事業者が、農地周辺の道路・用水路等のインフラ、イノシシやシカ等の鳥獣、路上で倒れてしまった要救助者等に関するデータを一括してモニタリングし、生活に関する部分については地方自治体へとデータ提供する。また、自動運転農機や農業ロボットも圃場周辺のインフラや鳥獣等の情報を収集可能だ。地方自治体は各農業者・事業者からのデータを統合して分析・モニタリングすることで、住民生活向上やインフラの最適管理を実現する。

　次に農村の物流を見てみよう。インターネット販売事業者により農村の買い物環境は改善したが、労働力不足により個別宅配を行う機能が不足しがちである。一方、農村では農業者が自らJAの集出荷場・直売所・道の駅等の地域拠点へ、農産物を毎日複数回運搬しているが、復路はほとんど空気を運んでいる状況だ。地域内の運搬に関して、農産物は農業者、宅配は運送業者、と分断することが非効率の要因である。イン

ターネット販売の商品を道の駅や直売所で留め置き、農業者が出荷の帰りに近隣住民の荷物を代わりに持ち帰るというモデルができれば、物流は大きく効率化される。インターネット販売事業者は物流コストを低減でき、農業者はちょっとした副収入を得られる。また、利用者にとっては配送料の割引や配送頻度の増加といったメリットが生まれる。

このように、農業と農村生活をIoTでまるごとデジタル化し、農業と地域の相互補完関係を構築することが、農村DXのポイントとなる（図表2-4-4）。

農村DXのポイントとなる"CASE"

農村DXを実現するためのポイントとなるのが、"CASE"というコンセプトだ。もともとは2016年にドイツ・ダイムラー社のCEOが提唱した自動車産業の今後の戦略を表す造語で、「Connected（コネクテッド）」、「Autonomous（自動化）」、「Shared/Service（シェア／サービス）」、「Electric（電動化）」の頭文字をとったものである。CASEは自動車分野を革新する要素として捉えられるが、よく吟味してみると、AI/IoTを使って既存システムを革新するに当たって、色々の分野に通じる汎用性のある要素であることが分かる。自動車分野でのキーワードのイメージが強いのは、自動車分野でAI/IoTの技術開発が先行し、巨額の資金が動く分野で先行的にビジネスモデルが語られているからだろう。

そこで、本書では"CASE"という革新要素は農業・農村分野のDXにも通じるものと捉え、農業・農村の特性を踏まえて少しアレンジする。その際、農業版CASEは最後の"E"を「Energy（電力）」とし、残りの「Connected（コネクテッド）」、「Autonomous（自動化）」、「Shared/Service（シェア／サービス）」は自動車分野と共通として、これら四つの要素を検討しよう。

①Connected（コネクテッド）
  ➢ 「Connected（コネクテッド化）」は、農村DXを構築する主な要素である①スマート農業、②農業者・住民、③地域インフラ、④自

然、をIoTによって相互に結び付け、ネットワーク化することだ。これにより、農業と農村生活を一体的にデジタル化できる。
- ➢ 農村デジタルネットワークは、外部の市場や人材と接続し、ヒト・モノ・カネが双方向に流れる。
- ➢ 農村のコネクテッド化において、スマート農業はデジタルネットワークを構築するトリガーとなる。

② Autonomous（自動化）
- ➢ 「Autonomous（自動化）」は、スマート農業による農業の省力化・自動化や、先述のドローンを用いた地域一括モニタリングの自動化である。
- ➢ 農業の自動化により競争力が向上するとともに、インフラ管理の自動化は地方自治体のコスト低減につながる。
- ➢ 将来は、乗用車の自動運転や生活支援ロボット等による生活シーンの自動化の実用化が期待される。

③ Shared/Service（シェア／サービス）
- ➢ 「Shared/Service（シェア／サービス化）」は、農機・自動車・家屋等の資産の共同利用である。
- ➢ 資産のシェアにより、就農や移住における初期投資コストが大幅に低下し、農業参入のハードルが下がる。
- ➢ スマート農機を活用した作業受託や自動運転自動車による地域内移動サービスのように、利用者（農業者、住民）は資産を保有せず、アウトソーシング事業者からサービスを受けるというモデルが増える。

④ Energy（電力）
- ➢ 農村内に点在する豊かなバイオマス、水力（小水力）、太陽光等、多様な再生可能エネルギーを有効活用する。
- ➢ 農業用ドローンや農業ロボットのような電動の小型農機が増加し、今後はトラクター等の大型農機にも電動化の波が訪れる。

- これらの電動農機のエネルギーを地域内の再生可能エネルギーで賄うことで、エネルギー自給率を高める。
- 同時に、バイオマスの有効活用による熱の有効利用も図る。

農業・農村をまるごとデジタル化する農村版CASEにより、以下の効果が期待される。
- 農業の自動化・省力化、ノウハウ共有、スマート農機のシェアリング、作業アウトソーシングによる生産性の向上。流通改革による農業の競争力強化
- 生活支援サービスの充実や自動車・家屋等のシェアリングの増加。農村生活の魅力の再発見による、生活の質（QOL）の向上と移住者の増加
- 農業インフラと生活インフラの一括管理による地方自治体の運営コストの低減
- 再生可能エネルギーの有効利用や農業資材の適正利用による環境負荷低減

このように農業版CASEによって農業・住民・地域インフラ・自然の4要素の間の壁をなくし、農業・農村の課題を包括的に解決するのが農村DXの本質だ。次章では農村DXの具体的なコンセプトについて、以下の分類を踏まえて紹介していく。
- 「Connected（コネクテッド）」⇒タイプC
- 「Autonomous（自動化）」⇒タイプA
- 「Shared/Service（シェア／サービス）」⇒タイプS
- 「Energy（電力）」⇒タイプE

次章では、農業版CASEによって実現する、農村DXの八つの具体的なプロジェクトを紹介する（**図表2-4-5**）。

(1) 農業機械／資材のスマートシェアリングで負担半減 ⇨ タイプS

パート2　農村デジタルトランスフォーメーション

(2) 農村ブランド＆ダイレクト流通で収入倍増 ⇨ タイプC
(3) AI/IoTが実現する自立型農業インフラ ⇨ タイプA
(4) スマート農業で"農作業をしない農家"が生まれる ⇨ タイプA
(5) 農村から始まるエネルギー自立圏 ⇨ タイプE
(6) 農村3R（リソース・リユース＆リサイクル）が生み出す資源リッチ
　　⇨ タイプS
(7) 台頭する農業DXベンチャー ⇨ タイプC
(8) 年齢リタイア、心のリタイアを受け入れる"農村スマートライフ"
　　⇨ タイプC

4 デジタルトランスフォーメーションが農業を魅力ある産業に

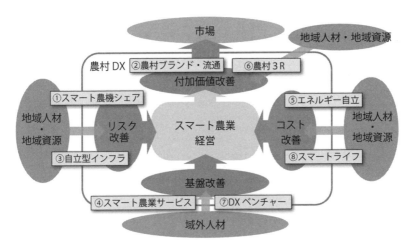

図表2-4-4　農村DXによるスマート農業経営の改善

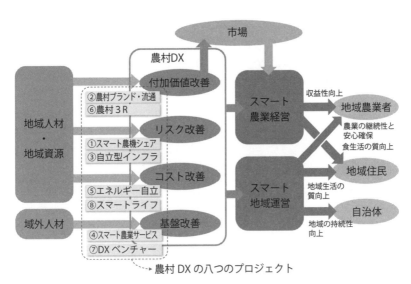

図表2-4-5　農村DXによる農業経営と地域運営の一体的改善

87

5

農村DXの八つの変革

(1) 農業機械／資材のスマートシェアリングで負担半減

〈背 景〉

農業における農機の位置づけ

　農業者の経営指標をみると、全コストの中で大きな割合を占めるのが機械費や資材費（農薬、肥料等）であることが分かる。農業経営統計調査（平成29年産米生産費（個別経営））によると、稲作では、機械費（機械購入に関わる支払い）21.7％、資材費14.5％。（肥料費7.8％、農薬費6.7％）となっている。農機のメンテナンスコストの大きさも顕著だ。儲かる農業の実現のためには、これらのコストの低減が不可欠である。そこで期待されるのがIoTの活用だ。

　コスト低減に加え、農業者が多品種生産能力を向上し収益を高めるためのポイントは以下の3点である。

　①農機のシェアリング
　②メンテナンスの効率化
　③農業資材のスマート調達

　機械費が高い理由の一つは、農業者が「一家に一台」に近い農機を所有していることだ。稲作を例にとると、「トラコンタ」と呼ばれる、トラクター、コンバイン、田植え機の3台を揃えるのが一般的である。一方で、各農機の稼働率は概して低い。例えば、田植え機は春の田植えシーズン以外は倉庫に眠っている。農水省の「農業センサス2015」によれば、稲作を行う農業経営体95万戸の平均所有台数は、トラクター1.06台、田植機0.73台、コンバイン0.60台である。完全に一家に一台と

は言えないが、機械の能力を全く活用し切れていない。

　最大の理由は、各農家の生産量に対して機械の能力が極めて大きいからだ。2013年の農業資材審議会農業機械化分科会資料によれば、農業経営体当たりの農機の利用面積は、トラクター1.2ha、田植機1.6ha、コンバイン2.0haとされている。一方で、農機の1日当たりの平均利用可能面積は、トラクター1.6ha/日、田植機0.9ha/日、コンバイン0.8ha/日台なので、それぞれ年間でトラクター0.75日分、田植機1.8日分、コンバイン2.5日分しか使われていないことになる。

　本来、トラクターで14日、田植機で10日、コンバインで20日の年間作業可能日がある。コシヒカリの田植えに適した期間は、例えば、北陸地方では5月の第2週前後の1週間程度となる。統計的数値なのでどこでも同じとは当然言えないが、平均的には、トラクターで12.4日（全日数の88％）、田植機で9.1日（全日数の91％）、コンバインで17.5日（全日数の87.5％）が使われずにいることになる。実際には、天候、輸送時間、メンテナンス時間などがあるので理想的にはいかないが、地域で農機を最大限融通すれば単純計算で9分の1の台数で事足りることになる。農業経営体から見ると、必要な能力の9倍近い機械を所有しているのである。農協の4割は農機のレンタルを行っているが、農家にとっては必要な時に使えない不安があり、農機を所有する傾向が続いている。

　多くの水田を利用する大規模農業者であれば、栽培時期が少しずつ異なる10種類以上の稲を作付し、田植えと稲刈りという繁忙期をずらして、農機の稼働率を高めることができる。これによってコメ1俵あたりの農機コストが大幅に低下し、利益率が向上している。一方で、小規模な農業者ではこのような作期分散戦略をとることはできない。そこで有効なのが農機のシェアリングである。地域の農業者で農機を共同利用することで、農業者1戸あたりの農機コストを低減できる。そのためには、簡単に、かつ必要な時に使えるような仕組みを構築する必要がある。

　農機のメンテナンスも農業者にとって大きな負担となる。費用の高さ

に加え、補修によって農作業が遅滞するリスクもある。上述したように、年間で各農機を使用する期間(作業適期)は10〜20日しかないから、使うべき時に故障していたり、使用中に故障してしまうと大きな痛手になる。故障する前に適切なタイミングで予防メンテナンスを行うことで、不稼働期間を回避し、農機の維持管理費を最適化することができ、定期点検の手間も省くことが可能である。また、従来の農機レンタルでは、自分の所有物ではないため粗雑に扱う利用者が少なからずいたとされるので、次の人が予定通り使えるような丁寧な利用を促す必要がある。

農業資材に求められる効率活用

　農業資材のコスト低減に必要なのが使用量の適正化と調達改善である。農薬を例にとると、従来の標準的な作型(栽培方法)は幅広い病害虫リスクに対応できるように設計されており、農業者によっては過剰な散布になるケースが散見される。同様に、肥料についても地力が低い部分に合わせて施肥設計されていたため、場所によっては施肥過剰になっている。

　そこで求められるのが、スマート農業の生産管理システムや病害虫診断システムの活用による農薬や肥料の散布の適正化である。加えて、生産状況と過去のデータを基に、必要な肥料・農薬を適正量だけ購入することが可能になる。

　JA改革の一環で単協が取り扱う資材の種類が絞り込まれる傾向にある。以前のように、「誰かが使うかもしれない」という理由による過剰とも言える品ぞろえは期待できない。これからは、地域の農業者の資材ニーズを事前に把握しておかないと、必要な資材が供給できないという事態が危惧される。JAが農業者のデータを集約するもよし、大手農業法人がリーダーとして取りまとめ役を担うのもよしだが、地域としてスマート調達の実現が期待されている。

〈システム概要〉

余剰となる農機のシェアリング

- 複数の農業者の間で農機をシェアするために、いつどの機械が使用できるのかを把握できるようにする。
- 農業者間で時間をシェアするために使用する予定を農業者間で共有する。
- シーズンが始まるまでにメンテナンスと動作確認を完了する。
- 農業者はスマートフォンのアプリなどで①必要な農機の種類、②大きさ・馬力、③使用するアタッチメント、を選択して農機の予約を行う。
- 例えば稲作では、コシヒカリ等の地域の主力品種の繁忙期に利用希望が殺到するため、需要に応じた利用料金を設定する（ピーク時は価格を高く、他の時期は段階的に下げる）。
- 農業者は、農機の料金と販売単価を比較しブランド米と作業時期が異なる業務用米、酒米、飼料用米等の栽培を検討する。
- 販売単価が安くても品種の選択を工夫することで収益が得られるように利用料金を設定する。これにより、大規模農業者が作期を分散するのと同じ効果を地域で作り出す。
- 繁忙期に余裕を持って農機を予約することで、農機の稼働率が下がる、農機を使えなくなる人が出る、地域で使用する総台数が増加する、等の問題が生じないように、繁忙期に農作業の律速となる機械を予約する際に、早めの返却へのインセンティブ、不稼働時間へのペナルティを設定する。
- 前項の予約のために、使用時におけるスマートフォンとGPSの活用により農機の稼働状況を把握する。
- 一方、人為的問題だけでなく、大雨等の天候の影響で、予定通りの作業ができない可能性もある。このような場合には、作業不可能の

日数分、予約日数を後ろ倒しすると同時に、天候予測で天候が荒れることが確定した段階で、既に作業が終わっている他の農家から農機を一時的にレンタルする等のバックアップ体制を確保する。

農機メンテナンスの高精度化と効率化

- 農機の確実な稼働、他人の使い方への不信感の払しょく等のために、使用期間前の高精度のメンテナンスと動作確認を行う。
- メンテナンスマニュアルをシステム化し、農機提供事業者のメンテナンスの予実データを確認できるシステムを構築する。同時に、利用者にも適度のメンテナンスと確認事項の実施を求め、実施確認のデータ記録を返却の条件とし、次の利用者が確認できるようにする。
- バッテリー駆動から作業時間を、GPSデータから走行距離を算定し、オイルや備品の交換時期を推定し、農業者の利用を妨げないタイミングで、シェアリング事業者が確実に交換する。
- バッテリーの使用状況、走行データ、GPSデータ、カメラ画像から利用の適切度を評価できるシステムを構築し、評価結果の良否をシェアリング料金に反映する。
- シェアリング運営事業者は、農業データ連携基盤による走行ログ等のデータを活用し、複数メーカーの農機の統合的な取り扱いを進める。
- シェアリング事業者は、農業者の予約状況、農地の状況、農機の稼働状況、技術動向、商品動向などから、効率的な農機の更新を図る。
- 天候等の影響で予約通り農機が活用できない場合のために、農業者とバックアップ契約を結び、予定変更を承諾した農業者に対して料金低減等のインセンティブを付与する。
- 確実な融通のために、GPSやICタグの設置、機器やバッテリーの状況確認ができるようにする。

農業資材のスマート調達

- 農業ロボット、ドローンや人工衛星を用いて、土壌や作物の状況をモニタリングする。
- 日照量、風量、温度などの農場据え付けセンサーから得られる生産環境データを収集する。
- これらの計測データを生産管理システムで一括管理する。
- きめ細かなメッシュ単位で計測された土壌に必要な肥料成分を、作付する作物の特性から必要な肥料成分をリアルタイムで分析し、施肥設計アプリケーションで、必要な肥料の種類、必要量、必要時期を算定する。
- ドローンによる農作物モニタリング、濡れセンサーによる作物の濡れ度合、風通しなどの農地の特性、計画する作物の特性から病害虫の発生を予測する。
- 病害虫予測アプリケーションを活用して、必要となる農薬の種類を特定し、適正量を算定する。
- シェアリング事業者は、農業データ連携基盤のグループ管理機能を活用し、各農業者の栽培計画をもとに必要な資材量（推計値）を集計する。
- 農業データ連携基盤にて提供される多数の生産管理アプリケーションを利用することで、システム横断でデータの集約を行う。集約された結果に基づいて、シェアリング事業者は農業者の必要量に応じた供給を行う。
- 元肥だけでなく、追肥においても日々の分析結果に応じて必要な肥料を農業者に個別に供給する。栽培途中では、メッシュ単位の土壌分析、作物の育成状態をモニタリングした結果から必要施肥量を算定し、必要量に応じて複数の肥料メーカーの製品を組み合わせて供給する。
- 農薬においては、栽培途中に他の地域での病害虫の発生状況を農業

データ連携基盤を通してデータを共有して、発生する農地、しない農地の特徴を病害虫診断アプリケーションによって分析する。分析結果により推定された農薬を算定量に基づいて農業者に供給する。
・以上により、天候リスクや病害虫リスクを予見し、過剰な資材を自前で購入せず、必要な資材を随時追加調達する仕組みを構築する。

〈効　果〉

　農機シェアリングとメンテナンスの効率化により、農業者は農機コストを4〜5割削減することができる。加えて、地域内でのシェアリングから複数の地域をまたいだシェアリングに拡大すれば、農機の稼働率を2倍程度まで向上させることも期待できる。こうして、稲作の例では、農業者の農機コストの売り上げ比率を現状の2割強から1割未満にまで低減することができ、メンテナンスの効率化によりランニングコストも低減される。

　農機の稼働率を向上させるための様々な品種を地域ぐるみで作るためのインセンティブシステムは、直近の政府のコメ政策にも合致している。減反（生産調整）政策を見直したことで、農業者は生産量を自由に決定できるようになった。これを踏まえ、「単価至上主義」によりブランド米に偏重したこれまでの作付からの脱却が求められている。一方で、業務用米の需要増加による品薄が発生しており、ブランド米以外の生産に商機が生まれている。こうした政策、市場動向をインセンティブシステムと連動させれば、地域として増収と農機コストの削減を両立できるようになる。また、全体としてはコメ余りだが、一部品目では品薄というミスマッチの解消が進むと期待できる。

　資材のスマート調達では調達単価の低減と在庫コストの低減が期待できる。農業者ごとに資材の必要量を事前に推計できるようになるため、地域として取りまとめて、適切な量を適切なタイミングで共同購買することで、ボリュームディスカウントによる単価低減を実現できる。ま

5 農村DXの八つの変革

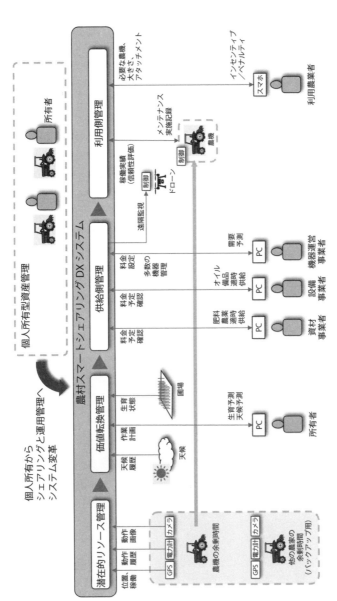

図表2-5-1 農村スマートシェアリングDXシステム

た、必要量に基づいて調達するため、在庫コストが削減され、地域で需要のない資材を抱える必要もなくなる。これにより、資材保管用の倉庫料が最小化され、使用期限切れによる資材のロスもなくなる。

　シェアリング事業者側から見ても、調達を大規模化することでリスク分散を図り、天候予測や各農業者の過去の実績から高い信頼性で必要資材量を算定して各種の資材の一括調達が可能になることで、調達コストが減って収益の向上を図ることができるはずだ。農機等についても、供給数は減るが、システム、データ分析、サービスを含めた付加価値の高いビジネスを創出できる。シェアリング、スマート調達は、需要家の農業者、供給側の事業者の双方にメリットがあるウィンウィンの取り組みと言える（**図表2-5-1**）。

(2) 農村ブランド&ダイレクト流通で収入倍増

〈背　景〉

　農業の低収益性の要因の一つが農産物価格の低さだ。日本の農産物は、品質面で国際的に高い評価を得ているにも拘わらず、それが価格に反映されていない。儲かる農業を実現するためには、IoTを活用した品質向上とストーリー付与による単価の向上、品質・収量の安定化がポイントとなる。

　そのための一つ目の課題が、農業者の離農により品質向上のためのノウハウが断絶の危機にある点だ。また、技術習得にかかる期間の長さが、新規就農者が就農をギブアップする原因になっている。二つ目の課題が、従来の市場流通では、農業者の想い、工夫、努力といったストーリーを消費者に伝えることが難しく、せっかくの美味な農産物が単なる「モノ消費」で届けられている点である。モノ消費ではコストパフォーマンスが重視され、価格競争になりやすい。最近では、気候変動の影響もあり、日本各地の産地が異常気象や病害虫等のリスクに直撃されるようになっている。そのたびに品薄、価格高騰が起きる事態となっていることがモノ消費に拍車をかけている。

　日本の農産物の付加価値を守るためには高付加価値農産物のブランド化が必要であり、そのためには農村全体のブランド化が欠かせない。戦後以来の農業政策で農産物の供給基地としての産地は形成されたが、必ずしも付加価値向上につながっていない。産地は大量供給という機能は果たしているが、ブランドの源泉としての役割は十分に果たせていないと言える。

　一方で、京野菜、加賀野菜のような伝統野菜がブームとなっており、消費者から高い評価を獲得している。また、栃木県茂木町、大分県湯布院町、京都府京丹後市のように、地域ぐるみの取り組みでブランド化に

成功する事例も出てきている。茂木町では地域住民が収集した落ち葉・枯草を生かした高品質堆肥で育てた農産物、というストーリー作りが消費者に評価された。京丹後市では、地域の特産のカニとカキの殻を生かした堆肥で育てられた農産物、というストーリーが売りになっている。名物のカニと、カニ殻で育てた野菜を使った、カニ尽くしの鍋やフルコースが作れるわけだ。

　2010年代後半となり、農産物の流通構造は大きな変革期を迎えている。従来の農産物流通の中核を担ってきた卸売市場では、卸売市場法の改正により、生産者と消費者を直結させるダイレクト流通の存在感が増している。都市部住民を中心に、インターネット販売や個別宅配を活用する世帯が順調に増えている。それでも、これまでのダイレクト流通はまだまだニッチ的な存在に留まっている。やはり、大量の農産物を安定的にさばくには「市場」の機能を高めることが不可欠だ。

　そこで注目されているのが、AIやIoTの活用による、市場機能のデジタル化である。政府が構想するクラウドとAIを活用した「スマートフードバリューチェーン」が実現すれば、わざわざ現物を市場に集めて、その場で「競り」を行う必然性はなくなる。ダイレクト流通のための大規模なマッチングシステムは、政府が中心に公的インフラとして整備すべきである。マッチングシステムの乱立は、農業者（供給者）と需要家の分散につながってしまうからだ。スマートフードバリューチェーンの構築は、現在内閣府の戦略的イノベーション創造プログラム（SIP）の第2期の課題の一つとして、重点的に検討が進められている。

　その上で必要なのは、優良な生産者をネットワークして、良質な生産データを確保し、前述の公的スマートフードバリューチェーンシステムに接続する、使い勝手のよい独自システムを作ることである。つまり、マッチングや競りの機能は協調領域として公的に整備し、それに接続する供給側及び需要側のシステムは競争領域として民間中心に整備するのがよい。需要側のデータは、小売り事業者、大手外食チェーン、大手加

工企業、専門商社等が持っている発注管理システムと接続するのが効率的である。例えば、コンビニエンスストア事業者の発注管理システムには、消費トレンド・気象・地域の行事等の多くのデータを基にした需要予測シミュレーションが組み込まれている。

　AI/IoTを使った農産物の品質向上、品質・収量安定化は、ダイレクト流通を支える生産システムとなる。AI/IoTを駆使したスマート農業では、匠の農業者の「眼」、「頭」、「手」がデジタル化される。農作物や農地の状態をデジタルデータとして取得すること、匠の農業者の技・ノウハウをデジタル化すること、農機等のオートメーション化により作業再現性を高めること、の3点がスマート農業のポイントとなる。

　一方、農村ブランドを構築するためには、①すべての農産物が基準を超えており信頼感があること、②地域全体としての付加価値ストーリーがあること、③農業者ごとの個性やストーリーが示されており画一的でないこと、が必要となる。具体的には以下のような取り組みだが、これを支えるのがAI/IoTだ。

①品質面での信頼性担保
- 匠の農業者の技・ノウハウを地域ぐるみでシェアすることで、地域の農産物の品質を包括的に底上げ。
- センサー及び生産管理システムにより、作業記録等のトレーサビリティを確保、地域内で共有し、味や安全性といった付加価値のベース部分を揃える。

②地域共通の付加価値ストーリー
- 伝統野菜、環境配慮といった、地域ぐるみの取り組みをストーリーとして積極的に発信する。
- 茂木町の「美土里堆肥」のストーリー等のように、地域住民が広く農業に参画しているストーリーを価値につなげる。

③農業者の個性の発揮
- 農業者ごとのこだわり、工夫をSNSで発信する。

パート2　農村デジタルトランスフォーメーション

- ❖ 独自の作業、独自の資材の使用等のストーリーを発信する。
- ❖ 作業の動画をストリーミングで発信する。
- ❖ 農業者のキャラクターや言葉を含めて「売り物」にする。

　こうした地域の取り組みの価値を消費者に的確に届けるには、生産者と消費者を結ぶダイレクト流通が不可欠となる。そのために、ダイレクト流通事業者を組み込み、消費者直結配送の国レベルのプラットフォーム構築を目指す。既に、オイシックス、食べる通信等の戸別宅配事業者のように、独自で質の高い生産者をネットワーク化し、そこで作られた高品質農産物を消費者に直接届けるビジネスが活況となっている。BtoBでも、マイファームがオンライン卸売市場「ラクーザ」を2019年春に開設しており、今後同様のビジネスが増えるだろう。

〈システム概要〉

ロボット等を用いたデータの自動収集
- ・ロボット、各種のフィールドセンサー等、AI/IoTを駆使したスマート農業を導入し、農作物の生育状態、農業者の作業履歴、圃場の栽培環境などに関して以下のようなデータを取得する。
    - ➢ 農作物の生育状態：葉の大きさや葉面積指数（LAI）、作物の高さ、茎の数、実の大きさ等
    - ➢ 農業者の作業履歴：除草の頻度、施肥・防除・摘葉のタイミング・量等
    - ➢ 圃場の栽培環境：日照、温度、湿度、降水量の履歴等
- ・上述のデータを用い、作物の育成や農作業の分析を行い、農作業の品質の向上と安定化を実現する。
- ・作物、作業、環境に関する情報を発信し、作り手の工夫や個性、信頼性、品質などの差別性を明確にする。
- ・小型の自律多機能型農業ロボット「MY DONKEY」や、モニタリ

ング用農業ドローンなどを導入する。MY DONKEYは野菜などについて収穫、運搬、農薬散布、施肥などの作業を支援すると同時に、自動で圃場内の土壌、作物などのデータを取得する。合わせて、農業者の作業の様子や周囲の風景の写真・動画を撮影し、消費者への価値訴求に活用する。

- ドローンは、上空から各種のカメラを用いた撮影を行い、AIによって作物に不足する栄養成分やその分布を分析し、ピンポイントで追肥、農薬散布などを行う。
- 取得した情報は、各農業者が管理するデータベースに保存し、栽培計画の立案や作業分析に活用する。
- 栽培計画は、日射量や降雨量等と作物の状態に応じて日々修正し、作業分析は、作業履歴を確認して農薬散布などの不均一性を修正したり、匠の技術との比較などによる作業品質や効率の改善を行う。

情報提供・価値訴求によるブランド構築

- 農業者ごとの個人ブランド構築のために、①信頼を獲得するための農産物の育成状態と作業分析データの提供、②農業者ごとの個性やストーリーが分かる作業や利用資材等の実績データの提供、③需要側の評価結果の共有、特に市場から信頼される需要家からの評価の共有、を行う。
- 農村ブランド構築のために、①から③に加えて、④地域全体で品種を開発するプロセス、検討の履歴など付加価値ストーリーの提供を行う。(例：農業高校の学生が復活させた伝統野菜を地域ぐるみで栽培しているケース等で、消費者から高い評価を獲得)。
- 地域に根差したブランドプロデューサーが、地域内の各農業者の栽培データ等を駆使して価値訴求を取りまとめてブランド化を推進。

生育データを活用した量と質の需給マッチング

- 地域のブランド農産物のマッチングのために、消費者の嗜好を踏まえた「質のマッチング」のための仕組みを構築する。

パート2　農村デジタルトランスフォーメーション

- クラウド側で作物の状況や作業品質を分析し、農業データ連携基盤の情報等を活用、天候予測等と組み合わせて作物の生育予測を行う。
- 各作業と紐づけられた計測データ、画像データを外部から閲覧可能とする。
- 農業者との取引等の関係に応じてデータの閲覧性を段階的に設定する。具体的には、計測した生データを共有するレベル、作業や作物等の分析データを関係する生産者側に共有するレベル、栽培履歴や画像、栽培予測データを需要側に共有するレベル、に分ける。
- ロボットに加え、各種の据え付け型圃場環境センサーからもデータを取得し、農家の管理するデータベースに統合する。農業者の枠を超えてデータを統合、分析するために、データプラットフォームでデータを共有する。
- データの取得、分析、共有の仕組みを用いて、農業者の作業品質や作物品質、およびそれらの予測に関するデータを需要側に配信して信頼関係を構築、取引価格の設定を含むマッチング、取引を行う。
- 上述したスマートフードバリューチェーンシステムでは、従来の産地と量に基づく取引に比べ、取引に求められる条件が多くなるため、ブランド力、土壌成分や気候、立地、作物の種類やその成分、合う料理などの指標を設定し、過去に評価の高かった作物と類似性のある販売元を探索できるマッチングシステムを導入する。
- ふるさと納税をドアノックツールとするために、ふるさと納税サイト運営事業者と提携し、消費者の同意のもとで、消費者の関心事（教育、環境、産業振興、文化等（寄付の目的からデータ収集））と好み（好きな食べ物（寄付履歴からデータ収集））のデータを収集し、AIを活用して地域・産品とのマッチングを行う。
- 価格調整においても、AIを使い栽培段階から調整を行う。これにより、さらなるブランド構築と天候リスクの低減を目指す。

5 農村DXの八つの変革

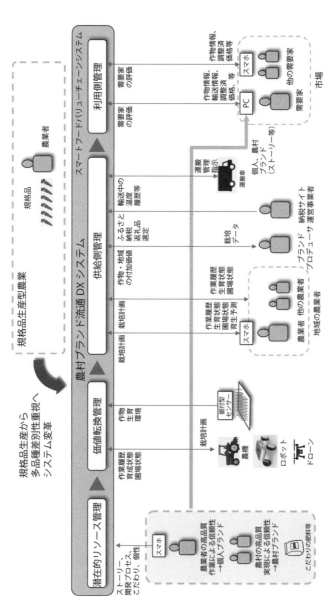

図表2-5-2 農村ブランド流通DXシステム

農産物輸送のスマート化

- 流通段階では、小口出荷の増加と、品質を重視した顧客への輸送の拡大により流通段階の管理の緻密化が進むため、輸送中の温度履歴、輸送時間等のデータを管理した輸送システムを導入する。
- これにより市場形成のマッチング機能と輸送のシステムをリアルタイムで高品質、多品種少量生産に結びつけられる流通システムに転換する。

〈効　果〉

　農業者は、AI/IoTを使った農産物の品質向上、農業者の個性や信頼性付与等を反映した高付加価値農産物によるブランドの確立により、農産物の販売単価を1〜2割程度向上することができる。むやみな単価向上は消費者の家計を圧迫するが、現在の価格水準は農産物の価値が適切に評価されていない状況と捉え、以下の観点から農産物の価値訴求による"価格適正化"を図る。

> - 食味の向上、珍しい新品種の提供等による品質向上に起因する単価向上効果。
> - 地域のストーリーを価値訴求することによるコト消費に起因する単価向上効果。

　価格は上昇するが、需要家側も農産物の品質と収量が安定することで、満足度が高まり、小売や外食といった需要側の事業者も以下の観点から安心して農産物を調達できるようになる。

> - 品質未達によるロス（廃棄）の低減。供給の安定化による欠品リスクの低減。
> - 品質安定化による売り場づくり、メニューづくりの容易化。

　流通事業者も、以下の点から消費者直結配送により消費者のニーズを

起点とした付加価値の高い流通システムを確立できることで、安定した付加価値の高い事業領域を開拓することができる。

- ➢ 農産物のニーズとシーズのミスマッチを解消し、適正価格での販売が定着。
- ➢ 商物一致で卸売市場を経由して運ばれていた農産物を直接消費者に配送可能に。品質維持（生産者→消費者の所要日数を2日程度短縮可能）、輸送費低減に大きな効果（**図表2-5-2**）。

AI/IoTを活用したブランド＆ダイレクト流通は"三方よし"の仕組みなのである。

(3) AI/IoTが実現する自立型農業インフラ

〈背　景〉

　農業予算の大きな割合を占めるのが、農業インフラの整備と維持に関するコストだ。農水省の予算によると、農業インフラを主に担当する農林水産省農村振興局の予算は年額6,441億円（平成31年度概算予算額）と、予算全体の約1/4を占めている。公共事業の主な項目は、国営かんがい排水に1,226億円、農業競争力強化基盤整備に863億円、農村地域防災減災に643億円、となっている。非公共事業の主な項目（インフラ関係）では、農地耕作条件改善事業に300億円、農業水路等長寿命化・防災減災事業に208億円である。道路、ダム等のインフラと同様に、農業インフラについてもコスト削減とより有効かつ効率的な整備が求められている。

　農業インフラの代表は、農道、用水路、農業ダム、貯水池等だ。農村地域では、近年、異常気象や天災（ゲリラ豪雨、地震、台風、大雪等）の影響で、以下の例のように、甚大な被害を受ける事態が多発し、防災・減災が危急の課題となっている。

- ➢ 東日本大震災では、多くの農地が津波で被災し塩類の除去が課題となり、福島第一原発周辺ではセシウム等による土壌汚染が深刻化した。
- ➢ 西日本豪雨では、広島県等で農業用ため池が決壊して、水害を引き起こし、ため池の管理やメンテナンス体制が不十分との指摘を受けた。
- ➢ 北海道胆振東部地震では、ブラックアウト（大規模停電）が発生して、酪農では搾乳ロボットや冷蔵施設が稼働できず生乳生産が停止し、搾乳できない乳牛の乳房炎（細菌等の病原微生物による炎症）が発生した。

インフラ整備は通常国や地方自治体が責任を負っている。農村を抱える自治体では、財政がひっ迫しているところが少なくない。また、農業インフラや防災のための職員を十分に配置できていない自治体も多い。今後農村地域でインフラのメンテナンスや防災対策が不十分になると、これまで以上の被害が発生してしまう可能性もある。予算と人員の制約下で、効率的なインフラの維持管理や防災対策を行うには、AI/IoTの活用が唯一の解決策と言ってもいい。

従来の農業インフラのメンテナンスの課題の一つはモニタリングが不十分であることだ。例えば、用水路からの漏水をきちんと把握できていない地域は多く、漏水による用水ロスが問題になっている。ため池についても利用状況、水質、漏水等をモニタリングできていないことが多い。用排水路は多くの農業者の圃場につながっており、1か所の不具合が多くの農業者に影響を及ぼす。従来は農業者が自治体の用排水路のモニタリングを自主的に補完してきたが、離農による管理者不在の農地の増加や、農業者の高齢化による見回り頻度の低下により、自主的なモニタリングの機能は大幅に低下している。

このようなモニタリングの一部を地域内で活動する農業者を始めとする人達からのデータ提供で代替すれば、モニタリングに要する公的なコストを最小限にしながら、モニタリングの機能低下を補完することができる。

AIは防災でも機能を発揮する。被害の発生・影響度合いを予測し、優先度を考慮した防災計画を策定し、実行を支援することができる。東日本大震災の津波被災地での復興事業では、堤防の再建に加え、農地の再配置にも工夫が必要となった。具体的には、第1堤防と第2堤防の間に農地を配置することで、不幸にも大津波が発生した際の緩衝域として機能するような土地利用計画が策定された。災害時に農地は津波を被ってしまうが、住民の居住地域への津波の影響を回避・軽減しようという減災のコンセプトだ。

気候変動の影響により、毎年のように日本各地が豪雨に見舞われている。豪雨災害の際には、農地を含めた総合的な水管理が可能となる。農業者の水田の水位モニタリングと自動給排水バルブを活用することで、水田を仮想的な貯水池と位置づけ、稲への影響度を最小限にしつつ、堤防決壊リスクを低減することが可能だ。

このようなインフラ運営及び防災対応において重要なのが、官官連携、つまり省庁をまたいだ連携、国や複数自治体の連携である。例えば、水管理では河川やダムのデータは国土交通省、用水路や農地のデータは農水省が保有している。そこで、省庁や自治体をまたいでデータを共有することにより、最適な対策が実現される。また、プラットフォーム間連携により地域のデータを総合的に取り扱うことで、インフラの運営コストを低減できる。

内閣官房では、気象、交通、海洋、農業、防災等の各分野のデータを統合的に取り扱う仕組みを検討している。例えば農業分野で農業データ連携基盤が構築されたように、分野ごとにデータ連携基盤、データプラットフォームの構築が進行中である。内閣官房のプランでは、それらの分野ごとのデータ連携基盤を接続する「分野間データ連携基盤」の整備も検討されている。

〈システム概要〉

農地のモニタリングとAI診断システム

・農道や農業水利施設のメンテナンスと更新、防災対応を主要な対象としたインフラ管理を行う。
・農業水利施設には、農業ダム、用排水路、ため池等の構造物、用排水路機場等の機械があり、構造物の維持管理は主に目視による亀裂や破損などの確認と部分補修が中心となってきた。
・老朽化に伴なう延命化を的確に行うため、機能不全が生じないように劣化が著しい部分を事前に感知するシステムを導入する。

- ダムなどの大きい構造物、長距離におよぶ用排水路、多数点在するため池に対して、目視で劣化確認を行うと管理コストが大きくなるため、画像データをAIで分析して亀裂などを抽出し劣化の発生傾向を把握できるシステムを構築する。
- 亀裂や破損などが発生した過去の画像を教師データとして、AIを用いて亀裂等が発生する際の構造物全体の傷み方などを各地点で学習することにより、リスクの発生確率を推定する。
- 推定結果をもとに発生確率の高い地域から順に詳細調査を行うことで、運営管理者、専門家の負担を軽減する。これにより、目視による監視負担は9割程度削減されることが期待される。
- 加えて、広域水管理システム、各農業者の水管理システム及び生産管理システムのデータを統合的に分析することで、漏水箇所の推計も行う。

地域の農業者と連携したモニタリングシステム
- 地域の農業者に運営管理者に代わってインフラ等の画像データの取得を依頼し、公共負担の大幅な低減を図る。
- 農道の撮影では、カメラを搭載したスマートフォンを支給、ないしは農業者の作業車両もしくは農機にカメラを搭載する。
- 運営管理者は農道の工事、修復履歴などから、AIを使って農業者の出発地と目的地を考慮した農道上の走行ルートを計画し、スマートフォンないしは車載カメラで画像データを取得してもらう。時速30km程度の走行を想定し0.5～1秒に1枚程度の写真を取得するなど、漏れのない画像データの取得を指定する。
- GPSと連動した画像データ取得が可能なエリアでは自動の撮影システムを導入することで農業者の負担を低減する。
- 圃場モニタリングで農業用ドローンのデータを活用する場合は、農業用ドローンの取得した写真データを位置情報をもとに、農道の画像データモニタリングシステムに連動させる。ドローンによる写真

の管理システムと本モニタリングシステムは農業データ連携基盤等を通して連携する。
- 用排水路も農業用ドローンを用いることで、圃場と同時に撮影を行う。農業用ドローンは、用排水路のモニタリングを同時に行うことで、地域インフラの管理を担わせ、ドローンの導入負荷を官民で分担する。
- 用水路、ダムでは近い場所からドローンをコントロールすることで、接写を行いモニタリングの精度を上げる。
- ドローンによるモニタリングは、天候情報や農業者の行動スケジュールを踏まえ、モニタリング計画用のアプリケーションを用いて計画的に実施する。
- 上記により運営管理者は農業者が活動しない地域のみの画像データを撮るようにして、画像データ取得作業についても9割程度の負担削減を目指す。
- 機械の維持管理は、主にポンプのモーター等の回転機械の振動音の確認と補修が中心となるため、災害等の発生を想定し、ポンプの稼働状況を遠隔モニタリングできるアプリケーションの導入が進んでいる。これに加え、ポンプの劣化、故障を把握するために、モーターに振動センサーを設置して遠隔モニタリングでデータを取得し、特定の周波数成分を抽出しAIで学習することで故障の予知を行う。

農地の災害対策に効果を発揮するAIモニタリング・制御
- 災害時に大規模なため池が決壊し下流域での被害が発生するような事態を回避するために、現在目視で行っている、ため池の法面の陥没、亀裂、はらみ（ふくらみ）や漏水の目視確認（水位が低いにも拘わらず法面が膨らんでいないか等）に替え、構造物のモニタリングと同様に近隣の農業者に画像データの取得を依頼する。
- 取水ゲート閉鎖時に、ため池底部の排水の樋から濁水が流れ出る

5 農村DXの八つの変革

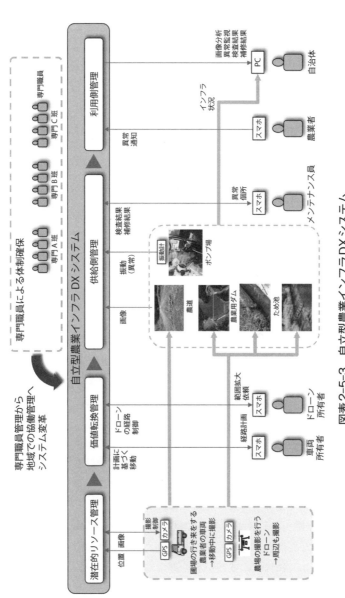

図表2-5-3 自立型農業インフラDXシステム

等、堤の内部での異常が予測される事態等を踏まえ、定期的に農業用ドローンを併用した画像データの取得を行う。
- 法面、底部の排水等の画像データをAIで学習し劣化や排水異常の事前予知能力を高める。
- 豪雨等の影響回避のため、天候予測システムから降雨量を推定し、それに応じてため池の取水ゲートを自動操作し水位を制御する。
- 豪雨時の水田の排水のために、近年導入されている、水田地下に設置したパイプと補助孔を用いて地下で給排水を行う地下水位制御システム（FOEAS）を用いて、平常時の水田の水はけと水不足時の給水を制御、豪雨時の予測降雨量に応じた排水制御能力を高める。
- 以上のような管理システムのために、運営管理部門が、一般の農家と連携して写真や位置情報、振動データなどを集約するプラットフォームを構築する。

〈効　果〉

　AI/IoTを使ったインフラ運営により、農業インフラの責任者はインフラの不備による農業生産への悪影響を回避できるようになる。さらに、農業者と連携したモニタリング体制を作ることで、運営者はモニタリングコストを9割近く削減することができる。これにより、農業インフラ管理コストを約2割程度削減することができる。
　AI/IoTを活用した新たなインフラ運営手法により浮いた費用を、農業の競争力強化やコミュニティーの活性化に振り分けることができる。つまり、インフラ管理システムの革新は、インフラ運営の効率化と成長力投資の両面で農村の再興に貢献することになる。
　AI/IoTを使った防災システムでは災害の被害を軽減することが期待される。また、東日本大震災等の過去の大規模災害の際の地域計画で得た知見を取り入れれば、被害が不可避な場合にも緩衝域等により被害を極小化することができる。水害時を例にすると、栽培状況データと被害予

測データを用いて、影響度の低い農地（耕作していない時期、耕作放棄地等）に意図的に引水し、洪水対策のバッファーとすることが可能だ。
　加えて、被害状況をデジタルデータで把握することにより復旧に要する時間も短縮される。災害の発生時、及び発生直後は迅速な判断と実行が被害の軽減につながる。行政職員も被災している状況では、判断・実行を行う人員の確保もままならないことが少なくない。まさにAI/IoTの迅速な導入が求められているのである（**図表2-5-3**）。

(4) スマート農業で"農作業をしない農家"が生まれる

〈背　景〉

　農業者の離農により労働力不足が顕著になっている。今後、新たな制度に基づく外国人労働者の受け入れも始まるが、農業の労働力不足を補うには全く足りない。また人数面での減少に加え、高齢化で重労働に対応できないケースも増加している。農業者の平均年齢は70歳近くにまで高まっており、対応が急務となっている。

　一方、新たな労働力として期待できる若手やUターン・Iターン人材の新規就農が増えているが、定着率の低さが課題となっている。新規就農者は技術の習熟度が低いため、自ら作業するのが困難なことが大きな理由だ。一方で、若手はIoTに最も関心を有する層であることから、自動運転農機、ドローン、ロボット等を使った農業の担い手として期待できる面もある。

　さらに、近年は農業でも「ダイバーシティ化」が重要な課題になっている。子育て中の女性や障がい者等、農業に関心を有していても身体的制約や時間的制約のために農業に関われないケースも少なくない。老若男女問わず、多様な人材が地域の農業を盛り立て、元気で魅力的な地域を創り上げるためには、農業者を重労働から解放することが必須である。しかし、新規就農に伴う初期投資は時に数百万～一千万円強とも言われ、就農に伴い多額の借金を抱える事例も散見される。このようなリスクに躊躇し、就農を諦める若者も少なくない。

　これらの課題を解決するのが、スマート農業技術を駆使して、耕うん、播種、散布、収穫等の作業を農業者から一括して請け負う、「スマート農業アウトソーシングサービス」だ。実際に、北海道等の広大な農地を有する地域では、以前よりコントラクターという作業請負（例：耕うんの請負）が普及している。小回りが利き、効率性の高いスマート農業

技術の実用化に伴い、全国で農作業のアウトソーシングが広がる可能性が出てきた。

農業者には、①経営者（企画・マネジメント等）、②農地の所有者、③農機の所有者、④農作業者、⑤技術指導者、⑥販売者、といったさまざまな側面がある。従来の農業ではこれらの機能をすべて同一人物が担ってきたが、農業への新規参入・農業法人化といった経営形態の変化、スマート農業のような新技術の普及により変革が起きている。これからは他産業のように①〜⑥の機能を別の者が担う水平分業のモデルが増加するはずだ。

農地の賃貸、農機のシェアリング、農作業のアウトソーシング、AIやIoTによるノウハウ共有といった外部化が進むと、農業者本人が重点的に担うべきコアの機能は、①経営と⑥販売（マーケティングとブランディング）、に収れんされる（当然、農作業を行う農業者を否定するものではない）。中でも、身体的な制約から営農の継続が困難な高齢農業者等にとっては、④の農作業、特に重労働・長時間労働からの解放は切なる願いである。

スマート農業技術を駆使すれば、究極的には「農作業をしない農家」という新たな営農形態も夢ではない。

〈システム概要〉

負荷の大きな農作業を担う「スマート農業アウトソーシングサービス」

・専門的で負荷の大きな代表的な作業である、年間に数十日しか稼働しない大型農機を使った作業、中小型の農業ロボットを活用する夏の除草、夜間の鳥獣害対策などを「スマート農業アウトソーシングサービス」として外部化する。

・大型農機の一般道での運転、圃場に合わせた機械の交換・セッティング、維持管理、燃料補給なども一括してアウトソーシングの対象とする。

パート2　農村デジタルトランスフォーメーション

・農業者は生産管理システムで作業計画を策定し、その中からアウトソーシング事業者に依頼したいタスクを選択、タスクを依頼する。
・農機には、自動運転の基本システムとなる、GPS、カメラ、走行制御システム、耕うん等の作業制御システム、通信器を設置する。単なる運転だけでなく、田植え、耕うんの深度管理等の作業に応じた制御を行う。
・アウトソーシング事業者は、1名のオペレータで複数台の自動運転農機や農作業用ドローンを同時に稼働させ、作業効率の飛躍的向上を図る。今後規制緩和が見込まれる遠隔監視により、アウトソーシング事業者の業務を鉄道の集中管理センターのようなオフィスに集中する。
・アウトソーシング事業者は、農機の輸送、セッティング、メンテナンス、関連機器の稼働管理、データの取得、農機の回収、燃料補給等を行う。
・上記の作業においては、どの機械がいつどこでどのような作業を行ったのかが分かるように制御の履歴データを管理する。
・アウトソーシング事業者は、同じ機械を様々な圃場特性に合わせて活用することで、機械特性を把握した効率的な利用方法のノウハウを蓄積すると共に、維持管理データを分析することで、多数の圃場での稼働の最適化を図る。
・建設業などの機械操作の未経験者なども、アウトソーシング事業者の業務に参画できるようにすることで農業の実質的な参加者を拡大する。そのために、農機の自動化レベルに応じて未経験者でも作業することができるように、農機作業の履歴データに基づき作業結果のモニタリング、安全管理、技術的な課題の把握などができるようにし、作業者の早期育成を図る。
・評価データを業務の依頼者である農業者に開示して評価を受けることでアウトソーシング事業者としてのブランドを高めると共に、評

価を業務・システムの改善に反映し一層の成長と差別化を図る。
・負荷の大きな大型農機以外にも、中小型の農業ロボットを、条件の異なる圃場での除草・鳥獣害対策・圃場データ取得・農薬・肥料散布などの作業に、活用し、稼働率の最大化を図る。

データ活用で差別化を行う新たな農業
・農業者は負荷の大きな作業をアウトソーシング事業者に依頼することで、業務の中心を企画・運営にシフトする。
・農業者は、需要家のニーズを読み取って、魅力的な作物ラインナップを選定した上で、天候や害虫などのリスクを考慮して栽培計画を立案し、追肥のタイミング・量、摘葉や間引きなどの品質管理基準等を日々の作業の内容について定める。
・パートⅠで紹介した小型多機能農業ロボット「MY DONKEY」は、収集される圃場の1mメッシュでの施肥量、農薬散布量に対して、土壌成分、葉面積指数、作物の収穫量、品質などの作物周辺データ、日射量、風量、降雨量、温度、湿度などの環境データを収集し、これらの関係を学習することで、環境条件に応じた最適栽培計画を策定する。データが十分集まるまでは、農業者の経験で補うことで栽培計画の修正などを行う。
・経験豊かな高齢の農業者の知見を、栽培データの蓄積によって栽培計画に反映し、新規就農をする次世代の若手に提供する。また、高齢の農業者は、アウトソーシングを活用し負担の高い作業を大幅に減らし就農期間を延長する。また、GPS、カメラヘッドセットを装備して作業をするなどしてノウハウをデータ化し、収集したデータをアウトソーシング事業者の管理するデータベースに集約する。
・熟練した農業者はデータをアウトソーシング事業者に販売し、アウトソーシング事業者は熟練者から得たデータを多数の新規就農者に販売することで、熟練農業者への対価を回収する。
・新規農業者は、アウトソーシング事業者の作業履歴データや熟練農

業者の判断データを購入し、栽培条件に応じて栽培計画をブラッシュアップする。
・購入したデータと、農場に設置した据え付け型複合センサーのデータを農業者の管理するパソコン上、もしくはクラウド上のデータベースに保存、活用することで遠隔で圃場の状態を把握する。
・農業者は適切な作業を適切なタイミングで行うこと、作業方法や活用する堆肥等の資材を選定することに注力する。
・農業者向け栽培支援システムのアプリケーションを活用して適切な作業計画を策定する。アプリケーションを用いて生成したタスクファイルはアウトソーシング事業者に送信され、翌日以降の作業に反映される。
・農業者が直接販売できるルートを確保し、自ら需要家のニーズを分析して栽培戦略を練るなど、需要家と向き合うシステムを構築する。

〈効　果〉

　農業者が農作業、特に3Kの作業から解放されることで、高齢者、女性、障がい者等の多様な人材が農業に取り組めるようになる。また、作業のアウトソーシングは、農業者の初期投資の負担低減にもつながる。アウトソーシングサービスを活用することで、親族から農機を譲り受けられない非農家の若者やUターン・Iターン人材であっても、安心して新規就農できるようになる。
　アウトソーシング事業の立ち上げには農村における産業創出の意味合いもある。地域にモニタリングや作業を請け負う新たなアウトソーシング事業が立ち上がることは、地域の産業界の振興にも好影響をもたらす。IoTを駆使してアウトソーシング事業を担うベンチャー企業の設立を支援することで、IoT分野などで起業に関心のある若者を都市部から誘引することができる。

5 農村DXの八つの変革

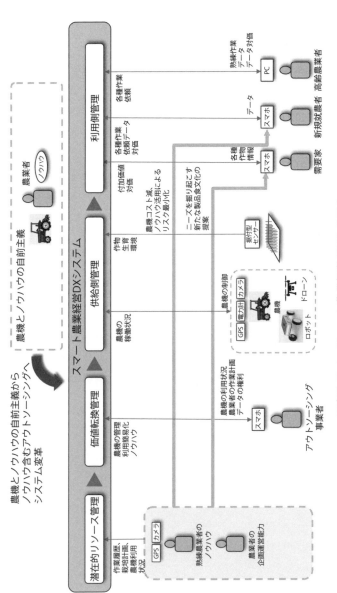

図表2-5-4 スマート農業経営DXシステム

このようなアウトソーシング事業の担い手候補の一つがJA（単協）である。JA改革の中で単協はより農業の現場に近いポジションでの価値発揮を求められており、アウトソーシング事業はJAから見ても新規事業として期待されるものである。AI/IoT等を用いたスマート農業技術を活用することで、従来より農業の現場に近づき、農業者に新たな価値を提供できるようになるわけだ。家族経営の農業者や一般的な農業法人と比較して、JAは豊富な資金力を有する。JAがスマート農機、農業ロボット、農業用ドローン等を一括購入し、サブスクリプションモデルにて地域の農業者にサービス提供することで、農業者は過度な投資リスクを負うことなくスマート農業の恩恵を享受することができる。スマート農業の普及の壁は、ITリテラシーが高くないと使いこなせないことと投資額が大きいこと、という指摘もある。JAによるアウトソーシング事業への取り組みは、そのような壁を一気に突き崩す突破力を秘めている。

　アウトソーシング事業立ち上げの効果は農業者・農業界のみにとどまらない。地域内での農業に参加する人材と農産物が増える分、地域経済全体が底上げされ、地域社会にも活気が生まれる。特に人口が少ない中山間地では、アウトソーシング事業による新規雇用のインパクトはおのずと大きくなる（**図表2-5-4**）。

(5) 農村から始まるエネルギー自立圏

〈背　景〉

電力分野の３大トレンド

　日本の電力分野では三つの大波が同時に押し寄せる100年に一度の大変革が進んでいる。

　一つ目の波は自由化だ。電力分野では、長い間電力会社が管轄地域内で発電、送配電、小売りを独占してきた体制が1995年から徐々に自由化され、2020年にはいよいよ総仕上げとも言える発送電分離が行われる。これによって一般の企業のように個々の分野での競争に晒されることとなり、総括原価方式で一定の収益が約束されてきた電力会社も利益追求を迫られる。ユニバーサルサービスの旗は堅持されているが、普通の企業と同じように収益性の高いところに資金をつぎ込みたいと思うようになっている。

　二つ目の波は需要減少だ。日本では東日本大震災以来、以前にも増して省エネ行動が定着した。今後は本格的な人口減少時代を迎え、省エネ行動に加えて電力分野でも需要減が顕著となる。電力事業のようなインフラ事業は、需要が右肩上がりの時代に作られてきたので、体質的に需要減少には弱い。償却が終わっていない資産の稼働率が落ち、場合によっては清算せざるを得ない場合も出てくる。

　こうした二つの波により、需要が減る地方部は電力事業にとって不採算の地域になる。最低限のインフラは維持されるだろうが、新たな投資は行いにくくなる。日本の農業を支えているのは、山に囲まれた平地に人口、耕作地、水路を始めとする農業インフラが集積した、いわゆる里山だ。つまり、多くの農村地域は電力事業の従来インフラに対して積極的な投資をしにくい地域になる。

　こうしたネガティブな二つの波に対して、地方部にとってポジティブ

なトレンドになり得るのが第三の波の低炭素化だ。京都議定書以来の世界的な低炭素化は、2016年のパリ協定の批准により本格的な低炭素化、場合によっては脱炭素を目指すようになった。先進国、途上国を問わず、世界中が省エネと再生可能エネルギーへの転換が求められている。こうした流れは地方部に新たな可能性をもたらす。地方部は今後大幅な導入拡大が見込まれる再生可能エネルギーの宝庫だからだ。民家一軒の電力需要は18kWh/日程度だが、1,000kWの風車を一基設置すれば約300戸の家庭の電力を賄うことができる。太陽光なら2〜30m^{2}で概ね一軒、木質バイオマスなら10ha程度で概ね一軒の電力を賄うことができる。農村部には、この他にも家畜排泄物、農業残渣（栽培残渣）、一般廃棄物などのバイオマスがある。

現実性高まった地域の自立型エネルギーシステム

　こうした環境下で、需要減少が顕著な地方部の送配電線の維持管理は自由競争下での企業運営ないしは電力システム維持の重荷となる。一方で、再生可能エネルギーのコストは年々低下傾向にあるから、地方部では人口比で豊富な再生可能エネルギーをいかに有効に使うかを考えるようになる。つまり、地域外にできるだけエネルギーのコストを払わず、自立的なエネルギー需給環境を作るかが、農村を含む地方部の課題となる。

　自立的なエネルギー地産地消の概念は古いものではないが、いくつかの点でこれまでとは事業環境が変わっている。まず、地域独占に拘ってきた電力会社にとって、管轄地域内の需要が離れることはマイナス要素だったが、全国的な需要減少の中で、遠隔地域の需要の剥落はむしろ収益向上に寄与する可能性が出てくる。特に農村においては住宅地からかなり離れたエリアに立地する温室（灌漑設備、カーテン・窓の自動開閉装置、ヒートポンプ等で電力が必要）等が少なくない。場合によっては、送配電線の維持管理を負担しなくていいなら、農村のエネルギーシステムの整備に協力することも考えられるようになる。

もう一つは、再生可能エネルギーのコストが低減した上、電力の用途が多様化したことだ。里山のような限定された空間であれば、地域内で得られるエネルギー源で住宅、事業所、自動車などのエネルギー消費を賄うシステムの実現可能性が出てきた。

こうした点を踏まえ、地域の豊富な再生可能エネルギー源を使い、エネルギー費用の外部流出フリーを目指すのが農村の将来像となる。具体的には以下に示すような要素を含むエネルギーシステムである。

- 広域送電網から見た地方部のエネルギーシステムの維持管理コストを最小化する
- 地域の再生可能エネルギー資源を最大限に活用できるシステムを創る
- 広域送電網への依存度が低い自立的なエネルギーシステムとする
- 地域内の生活を多面的に支えるエネルギーシステムとする

これらを踏まえた農村における自立エネルギーシステム(**図表2-5-5**)の概要を以下に示す。

〈システム概要〉

地域の再生可能エネルギーを活用した電熱の供給

・農村内の遊休地に太陽光発電パネルや風力発電機を設置する。また、限られた時期しか利用されていない小水力発電(用水路に設置された小型の発電設備)を有効活用する。発電設備は電力系統ではなく蓄電池に接続する。

・地域内の各地点に再生可能エネルギーの小型発電所を作った上で、適当な範囲の再生可能エネルギーによる電力を集約する蓄電池ステーションを設置する。

・発電施設には建設工事が簡便で量産効果の効く機器・設備を採用する。

・家畜排泄物、農業残渣、家庭の厨芥ゴミ、有機系農業残渣は集約し

パート2 農村デジタルトランスフォーメーション

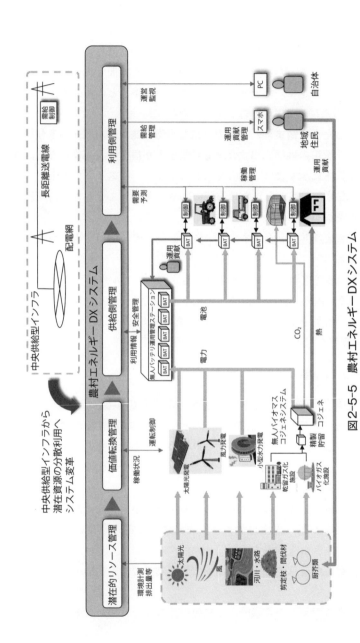

図2-5-5 農村エネルギーDXシステム

てメタン発酵させ、メタン系のバイオガスを発生させる。
- 剪定枝、森林内の落ち葉・枯れ枝、紙、木質ゴミは集約して乾留し、水素、一酸化炭素系のバイオガスを発生させる。
- メタンガス、乾留ガスは適切な精製を施した上で簡便なガス管で集約し、小型のガスコジェネレーションに接続する。小型のガスコジェネレーションに投入する前に、近傍に設置したタンクから供給されるLPGと混合して適切な熱量に調整する。これにより、高効率のガスコジェネレーションを行う。
- ガスコジェネレーションで発電した電力は太陽光発電、風力発電と同様、蓄電池に投入する。
- 発生した熱は簡易な熱配管により、農業施設、家庭等に供給する。施設園芸を行っている場合は、ガスコジェネレーションで発生した二酸化炭素を施設に供給し、農産物の光合成促進を図る。(電気＋熱＋CO_2で「トリジェネレーション」と呼ばれる)

再生可能エネルギーを有効活用する蓄電池運用

- 農村内の軽トラック、トラクター等は電動式とし、発電設備からの電力で充電した蓄電池を搭載する。蓄電池は1日ないしは2日の農作業に十分な容量とすることで、搭載容量を削減する。また、電動の農業ロボットや農業用ドローンも、近隣の蓄電池から充電できるようにする。
- 地域内の蓄電池ステーションにおいて充電されている蓄電池の状況を需要家のスマートフォンに通知する。
- 需要家は通知内容を確認し、蓄電池の利用を予約し、自ら蓄電池ステーションに赴いて、充電済みの蓄電池と使用済みの蓄電池を入れ替える。事務所、家庭には蓄電池から給電できるシステムを整備。
- 蓄電池は人力で容易に着脱ができるサイズに分割し、軽トラック、トラクター、事務所・家庭の給電設備等は特別な設備がなくても蓄電池の脱着が可能な設計とする。

無人化されたエネルギー需給と機器の管理

- エネルギー消費設備、発電設備はセンサーを取り付け、外部の専門事業者が遠隔管理する。
- 蓄電池ステーションにおいては蓄電池の劣化状況を測定し、専門事業者は劣化の進んだ蓄電池を交換する。
- 遠隔管理のためのセンサーに加えて、地域住民もエネルギー設備の利用の際に設備の状況に関する情報をスマートフォン等で専門事業者に通知するシステムを整備する。
- 専門事業者は遠隔管理システムで機器・設備の異常を感知すること、または地域住民から通知を受けることにより、必要に応じてスタンドバイオペレーションセンターから、修理等のために専門家を派遣する。
- 以上により、地域にとって無人化されたエネルギーシステムを構築する。

費用負担の最適化

- 電力会社は地域のエネルギーシステムの整備状況を見ながら、採算性の低い送配電線の維持費用を低下させる。最終的には地域が独立したエネルギーシステムを確立できることを目指す。
- 専門事業者は定型の仕様の太陽光パネル、風力発電機、ガスコジェネレーション、バイオガス化施設、軽トラック、トラクター、等をリース・レンタル方式で地域に供給する。
- これにより、人口減少等が理由で需要の少なくなった地域の設備・機器を需要が増えた地域等に供給できるようにし設備・機器の稼働率を上げる。
- 軽トラック、トラクター、事務所・家庭の給電設備等には給電センサーを取り付け、需要ごとの電力消費量を測定する。農業施設、家庭等の熱需要についても消費量を測定する。
- 太陽光パネル、風車、小水力発電、バイオガス化施設、コジェネ

レーション、等の用地の提供、バイオマスの収集、等、エネルギーシステムの貢献を需要家ごとにデータ化する。
・エネルギーシステムへの貢献度とエネルギーの消費量を加味して、エネルギーシステムのコストを全需要家で負担する。専門事業者はそこから適切な料金を確保する。
・地域の機器・設備の数量・仕様、電熱の消費量、事業者への支払額を公開し、エネルギー効率、費用負担等の適切さを第三者が確認できるようにする。
・配電網の一部を残した場合、送電線に余剰となった電力を販売。

〈効　果〉

電力事業の経営オプション
　まず、電力会社は採算性の低い地域のエネルギーシステムの整備に関する選択肢が増えるので、収益性を重視した経営を行いやすくなる。今後、特に地方部における需要減少が顕著になる中で、電力会社は自由競争とユニバーサルサービスの板挟みになるリスクがある。地方部で独立したエネルギーシステムを整備することができれば、電力会社はそうした板挟み状態から脱することが可能となる。
　これまで大型発電所を広域送電網でつなぐ大規模集中型の電力システムとコジェネレーションなどを用いた分散型のエネルギーシステムは対立概念だったが、再生可能エネルギー、自由化、需要の停滞／減少、が同時に進むこれからの時代には、複数のモデルを市場のニーズに合わせて使いこなすことがエネルギー事業者としての競争力につながる。大型の需要が安定して存在するエリアでは大規模集中型を、そうでない場合は分散型を、再エネについても広域の平準化、EVや蓄電池による吸収、水素化などの技術をケースバイケースで導入することが競争力につながるようになる。ビジネスモデルごとに電力会社、中堅エネルギー会社、ベンチャーが割拠するのが理想のように見えるが、むしろ既存のエ

ネルギー会社が強さを発揮してきたのが自由化の歴史だ。

　そう考えると、広域送電網の経済性の維持が難しくなった地域にどのようなエネルギーシステムを提案するかは、電力会社にとっても事業上の重要なテーマになるはずだ。そうした理解に立ち、送配電網の運営維持管理負担が削減される分の一部を地域に還元するような仕組みを作れば、地域の自立的なエネルギーシステムを支援することとなり、電力会社として地域関連事業に関わることができる。

　国の立場で見ると、自立的なエネルギーシステムはいくつかの重要な政策課題の解決に寄与することが期待できる。本書の冒頭で述べたように、まず、太陽光発電の拡大が制約され、風力発電が用地や漁業権、コスト等の問題により大幅拡大の方策が定まらず、大型バイオマス発電についても資源調達上の問題を抱える中、地域の自立的な取り組みで資源を地道に積み上げる地域エネルギー事業は重要な選択肢になる。

次世代の自立的コミュニティづくり

　政策的に見てもう一つ重要なのは、自立的なエネルギーシステムが新たなコミュニティづくりに貢献することだ。消滅自治体のような概念が普及してからだろうか、日本では持続性に不安を持っている地域が増えている。一つには人口が減っていることが理由だが、地域のインフラを維持できるかどうかという不安もある。ここで述べた地域エネルギーシステムは機器・設備さえ供給されれば、専門的な事業者の支援を受けながら自立的に運営できるシステムなので、こうした不安を軽減できる可能性がある。また、世界的に流通している機器・設備を使って地域のエネルギーシステムができると思えば、地域の持続性への安心感も高まるだろう。

　同時に、地域内の資源を使うから、改めて、地域の豊かさを実感したり、資源を大事に使ったり、一層豊かにしようという意識も高まろう。それは、新たなコミュニティづくりにもつながる。農機や農業施設、自宅が電化されることの効果も大きい。ガソリンスタンドのネットワーク

が粗になって、軽トラの給油のために何キロも走らなくてはならない地域が増えている。施設園芸や家庭の暖房のための燃料調達や燃料費の負担もある。これらが域内の資源で賄えるようになれば、農業者の安心感はぐっと高まるはずだ。

　元来、農村はできるだけ多くの資源を域内調達することで経済的な外部流出を最小化し、コミュニティの中の結束を保ってきた。それが、域外経済に取り込まれることにより、効率性が増した面もあるが、域外流出が増し農業者の経済的な負担は拡大した。地域内の有機資源と人力を源とした価値と化石燃料文化により生み出された価値の交換、という枠組み自体に農業者が借金漬けになり、農村の経済的価値に魅力を感じなくなるメカニズムがあった。例えばトマトの施設園芸農家（個人経営体）を例にとると、日本政策金融公庫の調査報告（2017年）では、光熱水費は売上高の9.6％、材料費（肥料費、農薬費、種苗費等）が22.3％とされており、その多くが地域外へキャッシュアウトしていると考えられる。

　国内外で高価な大型機械を使い切れる大規模農家しか、製造業などに匹敵する収入を得られていない状況がこうしたメカニズムの存在を示している。農村域内と域外の経済の仕切りを取り払ったことが、経済の尺度では測り得ない農村の価値を下げたのである。

　コンパクトシティのように人口減少下で特定のエリアに人口を集中させる政策も注目されている。しかし、人口減少が進む地域を放棄すれば、その地域を維持するための負担も生まれるし、日本の魅力を損なうことにも通じる。人口減少下でも地方が生きていける方策を考えることは重要な政策課題である。その意味で、上述した自立的なエネルギーシステムは国としても魅力ある政策の一つになり得る。そうした観点に立ち、広域送電網維持管理費の低減分のシェアに加え公的な支援を行なえば、維持管理コストが極小化された地域参加型の自立的なエネルギーシステムを立ち上げることできる。

パート2　農村デジタルトランスフォーメーション

　農村は地域内の様々な資源を活用し自立的に運営されてきた。それが、明治以来の集権化により、中央政府から資金やインフラが供給されるようになり、近代化と農業生産の効率性の向上を図ることができた。経済が右肩上がりの時代にはこうした構造が地方の振興に貢献したことは間違いない。しかし、経済が停滞し、人口が減少すると中央集権型で作られた資金やインフラの構造の持続性に懸念を感じる向きが増えた。そこで期待されるのが、本項で述べた自立分散型のエネルギーシステムである。これまでこうしたシステムは高コストであったが、再生可能エネルギーのコストが市場の拡大と技術革新で大幅に低減したこと、ITの飛躍的な発展でシステムの運営維持管理コストを大幅に削減できるようになったことで、次世代の持続的分散モデルの実現性が高まってきたのである。

(6) 農村3R（リソース・リユース＆リサイクル）が生み出す資源リッチ

〈背　景〉

持続可能でないマテリアルバランスの崩壊

　日本は資源に乏しく、農業分野では大量の化学肥料を輸入している。現代農法は化学肥料大量投入型で、日本の国土には海外からの膨大な窒素肥料やリン肥料が投入されており、成分フローで大幅な過剰流入状態となっている。家畜にも大量の輸入飼料が給餌され、その排泄物として発生する窒素等も多い。(2017年度の飼料の自給率は26％にとどまる。)家畜排せつ物処理法が制定されたことで、以前のような垂れ流し状態は解消されたが、全てを回収できている訳ではない。窒素やリンの過剰流入は、土壌の成分バランスを崩し、自然環境や健康に悪影響を与える。実際、一部の地域では土壌、地下水、河川等の汚染が発生している。

　膨大な肥料や飼料の輸入は環境面だけでなく、地域経済にも負の影響を与える。農業者の営農コストの数割は資材費であり、その中で肥料代は主要コストの一つとなっている。(例：稲作では肥料代が7.8％を占める) 農業者は肥料をメーカーから買っており、その材料の多くは海外から輸入されているので、肥料代は農村地域から都市部、農業者から大手肥料メーカー・化学メーカー、日本から海外へ、といったキャッシュアウト構造を生み出す。

　こうした成分と経済の負の循環を正の循環に切り替えるための方法がバイオマスの有効利用である。

バイオリッチの農村

　農村の中には、家畜排せつ物、農業残渣、林地残渣、あるいは家庭から排出される厨芥ゴミ等のバイオマス資源が豊富にある。これを堆肥化し、農業で使うようにすれば、窒素、リンなどの過剰流入状態を回避

し、キャッシュアウトの構造も改善することができる。

　本章でも、地域のバイオマスを自立型エネルギーに使うシステムを提案している。地域内のバイオマスを堆肥に使うか、エネルギー源とするかは昔から意見の分かれるところだ。机上の計算では堆肥化した方が採算性がいいのだが、地域で使う堆肥の品質がプロの農業者の利用に耐えるか、あるいは需給バランスが取れるか、という問題があった。利用できない堆肥は産業廃棄物となり、堆肥の販売で得られる収益より高額な処理費がかかる場合もある。また、低品質で商品価値のない堆肥が不法投棄されるという事例も発生している。

　こうした比較から、堆肥を選ぶか、エネルギー化を選ぶかは、地域が堆肥の品質と需給管理にどれだけ本気で取り組むかにかかっている。それが、技術の進歩で、エネルギー化に比べて経済性、資源循環の面で優れている堆肥化を選択できる可能性が高まってきた。例えば、本書で述べるように、DX化により農村内でのコミュニケーションを充実させていけば、バイオマスの発生、分別段階でも堆肥の品質、信頼性を高めることができる。したがって、バイオマスに関する堆肥かエネルギーかの問題は、まずは、堆肥として使えるバイオマスを抽出し、堆肥化に向かないバイオマスをエネルギーとして利用し、地域としてのリカバリー率を高める、という優先順位づけで、地域内のバイオマス利用を方向づけることができる。また、地域の作物に合わせて堆肥原料の種類・配合を変える、先述のように地域で発生するカニ殻やカキ殻を堆肥原料に混ぜ、ミネラル補給とブランドストーリー作り（カニで育った野菜）を行う、といった地域ぐるみでの価値向上も可能だ。

〈システム概要〉

地域のバイオマスの情報ネットワーク

・地域のバイオマスの処理システムに関する情報、処理フロー、各プロセスで求められる品質や取扱方法、注意点等を含んだ情報共有、

取り扱い方法等に関する相談窓口等の機能を持ったサイトを立ち上げる。
- 当該サイトを下段のバイオ化センターのシステムと連動させ、地域としての適切な堆肥生産、バイオマスの需給管理が行えるようにする。
- 畜産施設においては飼育データを収集すると共に、排泄物の排出・保管状況を映像データ等で取得する。
- 農業残渣、家庭の厨芥ゴミ、剪定枝については、堆肥化の対象となるバイオマスの種類、性状等の情報を共有した上で、地域で設けたバイオマス集積所に排出者が持ち込むこととする。集積所では収集状況が分かるように、画像データ、温度データ等を収集、管理する。

効率化するバイオマスの収集
- 地域住民に対しては、所有している山林での木質系バイオマスの収集を奨励する。公共が所有している山林についても、地域住民がバイオマスを収集するのに適した場所を開放し、バイオマスの収集を奨励する。これにより、地域としての伐採等の費用削減を図ることもできる。地域に根差したバイオマスの有効活用策であり、現代版の「入会地（地域コミュニティの総有する山林等で、住民が伐木・採草・キノコ狩りのなどの共同利用を行うことができる土地）」と言える。
- バイオマスは地域で予め定めた収集コンテナにより、堆肥化用、エネルギー化用に分けて収集し、各々の集積所に持ち込む。
- 集積所にバイオマスを持ち込んだ地域住民に対しては、堆肥化用、エネルギー化用ごとに定めた地域ポイントを供与する。

中核となる堆肥化施設
- 地域として堆肥化センターを建設し、持ち込まれたバイオマスによる堆肥を生産する。堆肥化センターにおいては、以下のようなデー

タ・情報を収集・管理するシステムを導入し、人件費負担が少なく、効率的で信頼性の高い生産を行なう。
- 堆肥化の状況を把握するための、温度、発生ガス等のデータ
- 施設の適切な稼働状況を把握するための機械設備等のデータ
- 堆肥化の状況、施設の全体状況等を把握するための画像データ
- 堆肥の保管状況に関するデータ
- バイオマス集積所における収集状況に関するデータ
- 主要なバイオマス提供事業者におけるバイオマス持ち込み量等の予測情報
- 主要な需要家の堆肥の利用予測情報
- 排出者ごとの地域ポイントの集積情報
- 堆肥の需要家による評価や改善の助言等に関する情報
- 等

・堆肥化センターの整備・運営に当たっては、地域として堆肥化事業のための条件をできるだけ整えることを前提に、施設への投資、運営を担う民間事業者を誘致する（図表2-5-6）。

〈効　果〉

バイオリッチを活かす住民参加とDX

　農地が狭い、農業者が少ないといった負の側面に焦点があてられがちな中山間地域（里山）だが、バイオマス利用の観点で見ると、まさに資源豊富な宝の山と言える。問題は、バイオマス資源の賦存の密度が低く広く分散していることだ。これを解決するのが、住民参加によるバイオマスの収集体制とDX化による多面的な見える化だ。

　栃木県茂木町では、地元住民が地域の里山で林地残渣を収集し町が有償で買い取るという仕組みで堆肥化事業を行っている。公共事業として林地残渣を収集するよりもコストが低く、年配の地元住民にとってはうれしい臨時収入になる。そのお金が地域内で還流することで新たな地域

5 農村DXの八つの変革

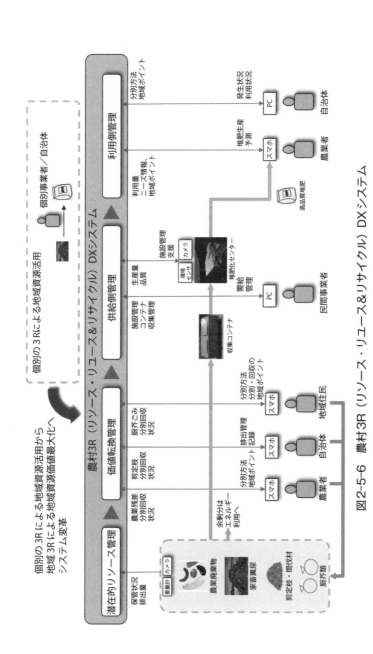

図2-5-6 農村3R（リソース・リユース&リサイクル）DXシステム

経済が回りだす。農業については、山が荒れなくなることで、イノシシ等の鳥獣害や犯罪等の発生リスクが下がるというメリットもある。今後は、農業分野で導入されるドローンを流用して、林地をモニタリングし林地残渣収集の効率化（どこに残渣が多く存在するか）を図ることもできる。

地域でのバイオマスの有効利用は地域の農産物のブランド化にも効果がある。

茂木町では住民参加で出来た堆肥を美土里堆肥として販売し、当該堆肥を所定のルールに基づき使用している農業者に美土里堆肥マークの利用を許可している。これにより、農産物の食味が向上した上、地域一丸のストーリーがあることが高く評価され、地元の農産物の売り上げが好調となり、地域発のブランドとしてテレビにも取り上げられた。コミュニティづくりの観点から見ると、山の落ち葉、枯枝を拾ってきた住民一人ひとりが、ブランド農産物への貢献などを通じて地域を支えている、という誇りを持てる効果もある。

多方面に及ぶバイオマス利用の効果

地域のバイオマスを有効利用する機運を作ることは堆肥の有効利用以外の効果も生み出す。愛媛県ではミカン農家と養鶏事業者が連携し、地元特産品のミカンの皮（残渣）を餌に混ぜて、採卵鶏に給餌している。ミカンの皮の成分により母鶏の健康状態が向上するとともに、成分の一部が卵に蓄積し、栄養価が高く、かつ発色のきれいな卵ができ、「媛っ娘みかんたまご」としてブランド化された。地域の食堂、菓子店、食品加工企業等でも活用され、地域活性化の面でも効果が出ている。ミカンの皮というバイオマスについて、堆肥化するより付加価値の高い利用方法を見出した例と捉えることができる。

ここまで述べたように、地域のバイオマス資源を生かした堆肥づくりの効果が波及する範囲は広い。地域の成分循環の適正化（長期的に見ると農地の健全化につながる）、公共側から見た林地整備負担の低減、害

獣被害等の低減、地域内のコミュニケーションの底上げ、地域への参加意識の高揚、高齢者を中心としたモチベーションアップ、地域農産物のブランド化、商工業への波及等だ。これからの農村地域の活性化に向けて、取り組まない手はない施策と言えるのではないだろうか。

農村地域のさらなる資源有効利用

　農村の中で利用できる資源は、もちろんバイオマスだけではない。リサイクル政策は、所謂「REDUCE、REUSE、RECYCLE」がテーマとなるが、REUSEについては、域内での資材などを農業者間で融通し合うことがそれに当たることにもなる。シェアリングもREUSEの理念が含まれるシステムと言える。また、古民家のような農村特有の資産も農村DXならではのREUSEの対象となる。

　特有の設計で作られた古民家は農村の魅力の一つだが、ひとたび使えなくなると、再生するのは難しい。今では、古民家の骨格となるような太い木材を調達することができないからだ。古民家に立ち入る人を魅了する太い木材の枠組みは、農村として残すべき資産なのである。そこで、域内の重要な木材にICタグを取り付けて資産管理をすることが考えられる。タグには、材質、想定される初期建設年度、所有者、利用環境、修復の必要性等のデータを取り入れ、年季の入った木材を地域の資産として管理する。いかに大事にしても、利用できなくなり廃棄やむなしとなった民家が出てきた場合には、価値のある木材資産を傷つけないように解体し、他の民家や建築に再利用できるように家の所有者や事業者間で情報を共有する。修理の場合にも、資産価値を維持できるような修理の仕方を考えてもらい、資産価値が毀損している場合は、資産としての木材を修復する措置を取る。

　バイオマスにしても木材資源にしても、これまでグローバル経済の中で十分に価値が認められなかった資産である。革新技術を使って、農村本来の資産の価値を浮かび上がらせることも農村DXの重要な狙いと言える。

(7) 台頭する農業DXベンチャー

〈背景〉

公共と民間の新たな関係

　本書では、DXを「デジタル技術を用いて組織、ビジネスモデル、社会システム等の仕組みを変革し、新たな価値を生み出すこと」と定義した。新たな価値を生み出せば、それに対価を払う人が出てくるから、新たなビジネスが生まれる可能性が出てくる。それは、農村をDX化すれば地域経済の底上げを図る企業を生み出せる可能性があることを意味している。

　農村をDX化する場合、DXのためのシステムやサービスを誰が提供し、サポートしていくかが問題になる。その担い手が民間になれば、農村にベンチャービジネスが生まれる。一方で、農村DXは様々な経済的なメリットを生み出すものの、メリットが顕在化するのに時間がかかる、メリットを享受する主体が様々である、などの理由で当初は公的な資金の投入が必要になる。しかし、公共団体の職員、中でも技術系の職員が地方部を中心に減少を続ける中で、これまでの公共事業的な仕組みで公的な資金を投入していると、DXの効果を期待できなくなる。そこで重要なのは、公共関与をできるだけ小さくし、民間事業者の活躍の場と自由度をできるだけ広げることだ。

　これまでもPFI（プライベイト・ファイナンス・イニシアティブ。公共施設等の設計、建設、維持管理及び運営に、民間の資金とノウハウを活用し、公共サービスの提供を民間主導で行うことで、効率的かつ効果的な公共サービスの提供を図るという考え方）のような官民協働の仕組みがあった。しかし、公共団体から民間への発注という構造は変わらなかったため、要求水準や契約書を作成したり、民間事業者を選定して交渉するなどの公共側の負担が大きかった。それを日本中の農村部で実施

するのは現実的ではない。しかも、PFIの分野で専門的な知見を持つ人でも扱いが難しいITを用いるDXがらみの事業が対象だ。農村DXで必要なのは、公共側は民間事業者が活躍する場を作り、民間事業者が自由に活力をもって活動する、Public Support/Private Activeとも言える官民のPartnershipだ。

民間事業者の役割は投資リスクが小さく、アイデアとサービス精神があればユーザーの仕事の付加価値や利便性、快適性が高まる、アプリケーション、サービス、ファイナンスなどが中心になると考えよう。それを前提に、公共側が、ハード／ソフト面での環境を整える。ハード面であれば、蓄電池ステーション、無線インフラ、上下水や農業インフラ・施設上のセンサー、定型の蓄電池、定型のバイオ発酵槽等、ソフト面では、農業指導の専門家のネットワーク、あるいは域内の資産・施設の情報データをオープンデータとして使えるプラットフォーム、住宅の所有権管理、などが考えられる。

DXで生まれるビジネス機会

こうしたハード／ソフト両面の環境が整備されれば、民間事業者は以下のようなサービスを提供することができる。

> 農産物の栽培管理支援
>
> ⇒　農村DXのために整備されたIT基盤を活用して、効率的な農業生産、付加価値の高い農産物の生産のためのアプリケーションやノウハウを提供する。

> 農産物のブランド作り、流通
>
> ⇒　地域の特色を活かしたブランドの企画とブランド農産物生産の支援、ブランド農産物を扱う流通事業者とのマッチングの支援などを行う。

> エネルギーのマネジメント、利用支援
>
> ⇒　本章第5節で述べた農村DXのエネルギーシステムを前提としたエネルギーの効率利用や有効活用を支援する。

➢ ファシリティマネジメント
　⇒　エネルギーシステムから得られるデータに新たに設置するセンサーからのデータを加えて、住宅、農業用施設等の状況を把握すると共に、必要に応じてメンテナンスの手配などを行う。
➢ インフラや施設の管理、メンテナンス
　⇒　上下水道、道路、橋梁、農業用水路等、自治体や土地改良区が所有管理するインフラのデータを分析してその状況を管理すると共に、メンテナンスの必要性などをアドバイスする。
➢ 太陽光発電、風力発電、小水力発電などによる発電事業
　⇒　蓄電池ステーションに連結できる場所に太陽光発電、風力発電、小水力発電の設備を設置し、蓄電池に蓄電して需要家に提供する。系統に連結されている場合は売電事業を行う。
➢ 資材、生活物資の調達支援
　⇒　域内の農業者、事業者が使う資材、生活物資などを取りまとめ、地域外の流通事業者等と結び付けるサービスを提供する。
➢ 熱供給事業
　⇒　コジェネレーションから供給される熱を効率的に使うための需要管理、需給マッチングのサービスを提供する。可能な場合は、コジェネレーションへのバイオマス供給も行う。
➢ 軽トラや農業用施設等のリース、サービス
　⇒　農業者が使う軽トラや農業用施設をリースで提供し、維持管理サービスを行う。農作業改善のためのアドバイスと実現のための改造、資材調達の支援も行う。
➢ 住宅の賃貸、リロケーションサポート
　⇒　地域外からの移住、高齢化・結婚・出産等に伴うライフスタイルの変化に対応した転居、リフォーム、あるいは稼働率の低い住居の貸し出し・管理などのサービスを行う。
➢ 生活サポートサービス

⇒　域内に整備された情報基盤を活用して住民間のネットワークを作り、高齢者等の状況確認、相談対応、コミュニケーション支援、各種アドバイス等のサービスを提供する。
　　等々
　この他にも、農村DXの中では色々な仕事が生まれることが考えられる。重要なのは、域内がIT装備されることで、多くの人がサービスを提供したり、これまで公共団体や中堅企業が担っていた仕事を代替できるようになることだ。その上で、農村DXが広がっていけば、ビジネスとして拡大しようと考える人も出てくるだろう。そうした人達の事業活動が活発になって、ITやエネルギーに関するニーズが増えれば、公共が整備していたハード面のインフラに投資しようと考える民間事業者が出てくる可能性もある。公共側の役割はDX化によって生まれる小さなサービスがビジネスに育ち、ビジネスを支える投資へと育っていくように支援したり、公的な資金で橋渡しをすることである。

技術実証場所としての農村の可能性
　DXを進める上での農村のもう一つの強みは、新しい技術を実証するための自由度が高いことだ。例えば、人口が密集している都市部に比べると、ドローンを使ったサービスの実証をやりやすい。農地が広がっていることも強みだ。自動車の本格的な自動運転がなかなか実装しないのは、交通関連の制度による制約や人身事故に対する懸念が強いからだ。これに対して私有地であり人身事故のリスクの低い農地では自動運転の技術を実装しやすい。人口密度が低いからこそニーズのあるサービスもある。移動サービス、搬送サービス、遠隔制御などだ。さらに、農地が農機／ロボットの走行にとって過酷な場であることも実証地としての価値になる。農地での走行性能を鍛えることが、土木建設現場、事故現場など条件の悪い場所での走行を伴う製品の開発につながる。
　こうした農村の持つ実証場所としての強みに、農村内の人達がまとまってポテンシャルユーザーとして参加できるようにすれば、民間企業

が実証、開発を実施したいというニーズを創ることができる。それが住民生活や農業者の事業活動などに結びつくものであれば、地域に取り込んで生活の利便性や事業の付加価値の向上を図ることもできる。その上で、利用者を拡大し新たな事業につなげたい。

　資金面での新しい仕組みも考えたい。公的な資金に頼り過ぎれば、政策支援への依存心の強い地域を作り上げてしまう。市場の投資資金だけで運営すれば、採算性の低い資産は切り捨てられる。農村DXの社会的な意義を理解して長期的な目線で資金を拠出してくれる投資家を確保したい。ふるさと納税は返礼品目当てもあるが、地方を応援したいという気持ちも多分にある。また、クラウドファンディングは意義のある事業に資金を投じる人がたくさんいることを示した。こうした資金の流れを取り込めると地域主導のDX事業の立ち上げの追い風になる。

〈システム等の概要〉

- 公共側が公開する施設、インフラ、サービス等のデータフォーマットを定める。
- 当該データフォーマットに従って、施設、インフラ等にセンサーを設置、そこから得られたデータを蓄積するデータベースを構築する。
- 加えて、農業データ連携基盤（WAGRI）と接続し、広域水管理システム等のインフラ、サービス関係のデータを取得する。
- 地域内の施設、インフラ、サービス等の運営に関するデータを公開すると同時に、データ利用に関する問い合わせのための窓口を設置する。
- 農村内での事業活動やサービスのためのプラットフォームを構築する（図表2-5-7）。その中で、事業者からの利用者に対するサービスのアピール、利用者からの要望・評価、公共側に対する業務の代替の提案、公共側からの回答・要望、公共側による公募・選定、資

金調達のための呼びかけ等、事業に関わるマッチングを行う。
・技術実証や技術開発のための農村内の環境に関する情報提供機能と実証受付機能を設ける。また、域内の住民や事業者を対象とした実証のための運営サイトを設ける。
・プラットフォーム運営に関する事業基盤を有する民間事業者の協力を確保する。

〈効　果〉

　農村DXにおけるサービスの可能性を民間のビジネスに結び付けるために重要なのは、農村DXを広く普及するためのリーダーシップと民間事業者の意欲と事業機会を結び付けるためのプラットフォームの運営である。

　リーダーシップについては、イギリスのサッチャー構造改革で、PPP（パブリック・プライベート・パートナーシップ、公民が連携して公共サービスの提供を行うスキーム）市場でベンチャーが生まれ数千億円規模の企業に育ったことに学びたい。日本では残念ながらそうした動きは見られなかった。政策構造の面での違いもあるが、最も大きいのは、民間事業者が新たな市場の立ち上がりをどれだけ強く信じたかである。市場の立ち上がりを信じられなければ、民間事業者は思い切った投資ができない。個々の農村におけるビジネスの規模は小さいので、上述したサービスが民間の事業や投資として成り立つには相応の数の農村で、同じようなサービスの機会があると信じられないといけない。そのためには、国、あるいは複数の県が共同で農村DXを推進する意志を表明する必要がある。

　プラットフォームについては、大企業、中小企業、あるいは農業者個人が農村DXに関わる情報に簡単にアクセスでき、色々なマッチングが起こる環境を整えたい。まず、公共側が管理するインフラ、サービス、制度などに関する情報を公開すると共に、利用に関する相談受付機能を

パート2　農村デジタルトランスフォーメーション

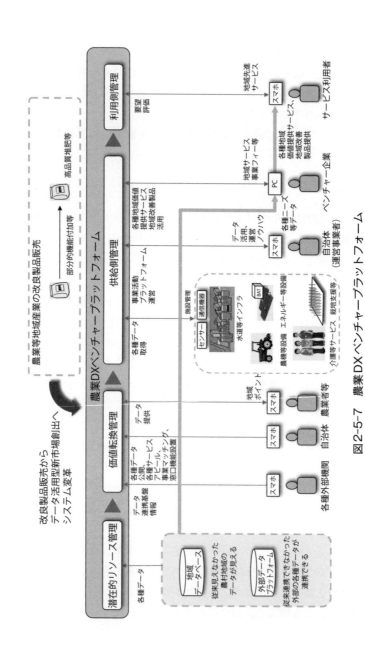

図2-5-7　農業DXベンチャープラットフォーム

設ける。その上で、公共やコミュニティが管理しているハード／ソフト両面のインフラの利用に関する提案受付機能や、民間事業者からサービスの紹介、公共団体、農業者、住民などから各種のサービスを求める機能を設ける。こうした機能を持つプラットフォームの運営を通じて、民間事業者の事業意欲と事業環境、事業提案と事業の受け手、サービスの提案者と需要者など、多面的なマッチングの場を作る。マッチングは農村DXのキーポイントとなる機能だ。活発なマッチングが行われる地域は外部から優れた人材を呼び寄せることができる。

　農村DXが成功するかどうかは、民間が主体となった自立的な地域をいかに創り出すかにかかっている。ただし、それは農村にとって新たな概念ではない。元来、農村は地域の人達が共同して生活を支えたり、助け合い、基盤となるコミュニティを築いてきたからだ。そのための強固なコミュニティが内向きな村文化と指摘されたこともある。それがAIやIoTのような革新技術によって、効率的にビジネスとして再構築できる可能性が出てきた。農村の文化的な基盤と革新技術の組み合わせがローカルベンチャーの勃興と新たな自立の構造につながるのである。

　したがって、農村DXにおけるベンチャーは域内の住民、農村を中心としたスモールスタートを前提としたスキームを念頭に置くべきだ。もちろん、域外の意欲のある人がビジネスを手掛けるのは大歓迎だが、日本中の農村がそうした人を求めれば、成功するのはごくわずかの地域になるだろうし、農村の自立的な文化を基盤とすることはできなくなる。農村には起業するような人材はいない、という指摘もあるだろうが、件数ベースで言えば日本で最も起業件数が多いのは60歳以上の層だ。実際、農村で70歳以上の人が新たな事業にチャレンジしているケースもある。高齢者にITの操作は難しいという指摘もあるだろう。しかし、有名な徳島県上勝町の葉っぱビジネスでは高齢の方々がタブレットを使いこなしてビジネスを支えている。近年のITはユーザーフレンドリーに作られているから、そもそも年齢を理由にすること自体が時代遅れに

なっている。

　難しい問題があること、チャレンジングであることは間違いない。しかし、既存概念に囚われず地域の人が参加できる枠組みを創ることでしか農村の将来が描けないことも否定できない。IT環境ができたことで日本でも数多くのベンチャーが生まれた。環境さえ整えれば、農村でそれを再現することも夢ではない。

(8) 年齢リタイア、心のリタイアを受け入れる "農村スマートライフ"

〈背　景〉

　少子高齢化は日本が抱える最も大きな問題の一つだ。国立社会保障・人口問題研究所「日本の将来推計人口（平成29年推計）」によると、2040年における65歳以上の人口比率は約35%にも達する。一方で、15歳から65歳までの生産年齢人口は約54%まで減るのだから税収、年金、社会保険などが危機的な状況に陥るのは目に見えている。一方、最近の高齢者の身体状況は従来より10歳程度は若いとされており、元気な高齢者が増えているのも間違いない。少子高齢化を解決する最大にして唯一の方策は、「元気なうちはいつまでも働く」、であることは誰の目にも明らかだ。

　高齢化に伴う財政的な問題の根源は、「一定の年齢になったら働かずに若い人の負担を原資とした年金で食べていける」、という既成概念への依存心が強すぎることにある。仮に、高齢者しかいない国があったとしたら、生きていくために元気なうちは働こうとするはずだ。そこまで極端な社会構造を追求するかどうかは別にしても、元気なうちはできるだけ働くための社会の仕組みづくりが日本でも始まっている。生産年齢人口の多くを占めるサラリーマンについては、本人が希望する場合は、何らかの形で65歳まで働けるようにする制度が始まっている。定年を65歳まで延長した企業は少数だが、多くの企業で65歳までの継続雇用が採用されている。しかし、こうした取り組みには問題もある。

　まず、継続雇用では報酬が大幅に減額されることでモチベーションを落とす人が少なくない。制度設計の問題もあるが、企業側が元々の報酬に見合うほどの働きを期待していない可能性もある。

　社員間での問題もある。かつての上司を使う立場となり気まずくなる

人もいるなど、継続雇用を選択した人との上手い付き合い方を見出すのはこれからだ。

　そして、何よりも問題なのは、定年を5歳伸ばしたくらいでは高齢化に伴う財政問題は解決されないことだ。政府は70歳まで働ける社会づくりを提唱しているが、具体的な方法は見えていない。

　こうした高齢者と会社組織の問題は、年齢と昇進と収入が連動した日本企業の人事制度に起因する。実際に年齢を経るほどスキルが上がればいいが、特殊な業務を除けば人間の能力が何十年も上がり続けるはずはない。多くの業務ではスキルの上昇傾向はせいぜい20年程度で、後は管理職となることに昇給を期待するのが一般的だ。しかし、ITの浸透で企業にとって本当に必要な管理職の数は大幅に減る。会議の多くはチャット型のコミュニケーションツールでこなせるし、携帯端末でテレビ会議もできる。社内の決裁手続きも次々と電子化され、システムを整備すれば決裁の場所は選ばないようになっている。働く場所についても、社員が居住地や業務の都合に合わせて最も効率的な環境を選択できるようになりつつある。そのニーズを受け、シェアオフィス、レンタルオフィスの市場が成長している。

　こうして、社員が本当に必要な時だけ、あるいはコミュニケーションを維持するために最低限必要なだけ出社するようになった時、価値を発揮できる管理職がどれだけいるだろうか。恐らく、従来型の管理職の数は数分の一で済むようになるだろう。ITの機能と経済性の向上は凄じいから、従来型管理職の大リストラ時代は遠い未来の話ではないと考えるべきだろう。その時、会社員と言えども、社会で通用する専門的な知見やスキルを活かして働き、報酬は専門性を背景としたパフォーマンスに応じて支払われるようになる。つまり、マジョリティが専門職になることがITでフラット化する会社組織の姿だ。半面、企業は専門性に対する評価を厳しくするから、専門職として生きていくのも簡単ではなくなる。専門能力の向上はある程度の年月で頭打ちになるが、加齢により

体力や身体機能は確実に低下する。会社が個人を評価するという構造がある限り、若手、中堅に比べて高齢者の立場が厳しくなることに変わりはない。

そこで求められるのが、自分自身のペースで体力の続く限り働ける環境だ。恐らく、スマート化された農業ほどこうした条件を満たしている業種はないだろう。「いつまでも自分のペースで働ける」という以外に、農業には高齢者にとって三つのメリットがある。

一つ目は、企業を取り巻くグローバル市場と通じる非情な経済とは異なる経済圏を持っていることだ。今でも、（専業の）農業者に限らず公務員や会社が兼業で農業を営み、生産した農産物を融通し合い、食生活の多くを賄っている例が日本中にある。そこには、流通、管理、経営、金融などのコストから逃れ、労働と食が直結する経済構造がある。こうした構造の下で生活の基盤を賄い、どうしても外部から手に入れなくてはならないモノを買うためだけに外部経済につながった経済活動をする、という生活ができる。

もう一つは、健康で農業に勤しむ状態と本当に働けなくなる状態がシームレスにつながっていることだ。身体能力に合わせて業務量・作業負荷を調整できることは既に述べたとおりだが、見方を変えれば、業務のアウトプットを見ていれば身体の状態が分かる、ということでもある。高齢者が少しでも長く安心して生産活動に従事するために重要な条件である。

三つ目は、農村が経てきた歴史の結果であるが、一人当たりの資産が豊富なことだ。自然資源が豊富なのは言うまでもないが、軒数で見ても面積で見ても、一人当たりの住宅資産が豊富だ。現状では維持管理状態の悪い住居もあるが、豊かな森林資産を使って作られた古民家の中には、メンテナンスさえしっかりすれば下手な新築住宅より長く使える家もある。

以上述べたような、豊かな資産、独自の経済構造を有する農村に、

パート2　農村デジタルトランスフォーメーション

AI/IoTの革新技術を取り込むことで、いつまでも働きたいと思っている高齢者、あるいはグローバル経済と結びついた非情な経済活動に疲れた人達にとってのラストリゾートを創ることができる。具体的には以下のようなシステム（**図表2-5-8**）を整備する。

〈システム等の概要〉

新規就農者を支援するハード・ソフトのサポート
- 農機や農業施設にはセンサーを取り付け、データに基づく効率的な農業を支援する。
- 地域外の専門家等とネットワークした農業助言機関を設置し、付加価値の高い農産物の生産のための情報を提供する。農業の新規参入者に対しては農業に必要な機器、資材、ノウハウ等に関する助言、実地での指導を行う。
- センサーを取り付けた農機、農業施設、農業資材を農業を営む人に時間割で貸与する。貸与した農機等は地域一体で専門事業者に遠隔管理、メンテナンスを委託する。（本章第1節参照）

地域生活を豊かにする共有システム
- 農産物を外部市場向け、域内消費向けに分類し、生産量を把握する。
- 域内消費向けの農産物の生産状況を把握し、生産者と消費者を認識できる「域内交換センター」（農産物の種類、量、生産者、消費者を記録する機能を設置）を介して直接取引する。（AI/IoTを活用した現代版の「物々交換」システム）
- 地域内で提供される農産物、サービス等の提供、利用のために地域ポイントを設定する。農産物、サービス等について単位ポイントを定め、個々人の提供量、利用量を記録する。
- 域内の古民家をメンテナンスすると共に情報通信環境を整える。照明、空調、厨房、通信機器などにはセンサーを取り付けて居住者の

活動状況を把握する。古民家のメンテナンスや維持管理に貢献した住民に対しては地域ポイントを付与する。
・地域外からの移住者、域内での転居者は「古民家センター」にデータを登録することで、リフォームされた古民家に居住することができる。

地域に張り巡らせる健康管理ネットワーク
・農機、農業施設の稼働状況、民家に設置したセンサー、農業従事者を中心に配布するウェアラブルセンサーからのデータを「見守りセンター」に集約、分析し、農業従事者の健康状態を推測する。
・健康状態に懸念があると判断された場合は、所定の医療専門機関に問い合わせるように助言する。集約されたデータは個人ごとに保管し、本人の意向により医療機関に提示して専門的な助言、指導を受ける。
・健康状態が急速に悪化したと判断された場合は、予め定められた見守りパートナーが当人の状態を確認し、見守りセンターに状態を報告する。
・地域内の健康管理システムを前提に、保険会社と高齢者向けの団体保険を開発する。
・健康診断を普及し、健康診断事業者に地域住民の健康状態の分析を依頼する。見守りセンターは地域住民の健康状態の改善に資する農産物の生産を推奨する。当該農産物を生産した農業従事者については地域ポイントを付与する。
・域内では、農作業のノウハウに関する相談・情報交換・データ収集、特定の農産物栽培のための有志間の連携、生活情報の交換、趣味の関係づくり等、様々なネットワークを構築する。

〈効　果〉

農村が高齢者のラストリゾートになるための条件は、サラリーマンな

パート2 農村デジタルトランスフォーメーション

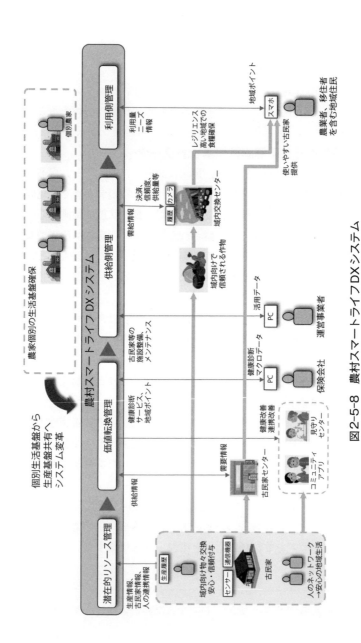

図2-5-8 農村スマートライフDXシステム

ど外部からの移住者（Uターン・Iターン人材）を受け入れることだ。農村では今でも高齢者の方々が元気に、それこそ身体が言うことを聞くまで作業をされているが、日本全体の人口比で見るとわずかでしかない。農業人口の推移から考えれば、その割合はますます低下するだろう。農村がラストリゾートとなるためには一定以上の人数が農業に関わり続ける必要があるため、地域外から新たな新規就農者を得ることが必須になる。

日本は国土の3分の2を森林に覆われている。急峻で住むのに適さない土地も多いが、人と森林が共生できる、所謂里山と呼ばれるエリアも多い。高速道路や鉄道の発展により、大都市圏からアクセスの良い地域も拡大した。例えば、東京から車や電車で二時間以内であれば、関東平野のほぼ全ての里山にアクセスすることができる。そこで、第二の生活を始めたいと思う人が増え、上述したような環境の農村に受け入れることができれば、農村は高齢者だけでなく全ての日本人にとってのラストリゾートとなる。

少子高齢化が本格化したことで、できるだけ長く働くための社会的な仕組みづくりに関する議論が盛んになっている。定年延長はそのための基本的な施策だ。しかし、会社の中を見れば、前述したように継続雇用制度にも改善の余地が多いし、定年・継続雇用をどんなに伸ばしたところで、あと5年がいいところだろう。

副業を普及することも重要だ。しかし、小遣い稼ぎ程度の副業なら多くの人ができるが、生活を支える仕事につながる副業ができる人は少数派だ。企業に属するにしても、起業するにしても副業で生活を支えるためには専門性が必要だ。それだけの専門性を会社に勤めながら培える人は多くない。

女性の高齢化の問題もある。女性の平均寿命は男性より10年近く長い。自身の退職、夫の退職により収入がなくなるのは男性も女性も一緒だ。できるだけ長く元気に働く環境の整備が男性以上に重要になる。

定年延長も副業も欠かせない施策だが、日本中の元気に働く高齢者を受け入れるためには十分ではない。全国的な規模でこうした施策を補完し得るのは農業以外にない。今住んでいる場所から通勤時間より少し長い時間圏内で、就労の自由と独自の経済圏のある農村で、革新技術とコミュニティに支えられて生活できるのであれば、農業を就労の選択肢と考える人は増えるはずだ。それは、世界中の人が羨む豊かな自然を活かした日本人の新たなライフスタイルに気づくことにつながる。
　農村DXが外部からの移住者を含めて新しいライフスタイルを提示できることの意義は大きい。まず、高齢者が自分の身体の状況に合わせて何時までも就労できる「場」ができる。農村内に外部の人も気兼ねなく入り込めるコミュニティを形成できれば、励まし合いながら就労を続けることができるから持続性も高い。また、グローバル経済から独立した農村経済が機能するようになれば、経済的な不安に苛まれてきた人達が安心して老後を送れることにもつながる。農村経済圏では性別、年齢の区別がないから男性も女性も老いも若きも参加することができる。
　農村DXが安心感をもたらすのは高齢層だけではない。今の50代、60代が大学生の頃は、大企業に就職し、家族を持ち、家を建て、定年まで働き、退職金をもらって引退後の生活を送れることが当たり前と思っていた。30年ほど前までの日本人には当たり前の人生観だったが、今や過去のものとなってしまった。盤石と思っていた大企業が経営危機に陥り、優秀な大学を卒業した人がリストラに遭うのを繰り返し見るようになり、今の大学生はかつてのような安定した人生観を持てなくなった。リストラにならなくても、会社の中での競争はし烈だ。かつてのように、同期が横並びで昇進できることは夢となった。先に、年齢と昇進と収入が連動した日本企業の人事制度が限界となり、多くの人が専門職とならなくてはいけない、と述べたが、ここで言う専門職とは会社や社会が求める専門的な素養を維持し続けられる人のことを意味している。昨今の競争社会を考えれば、生涯不断の努力を求められることになろう。

働き方をいくら改革しても、グローバル経済の構造を変えない限り、こうした傾向が変わることはない。そして、AI/IoT が導入されるようになり、社内外での競争はますます厳しくなり、革新技術を使いこなした人と革新技術に脅かされる人の格差は一層大きくなっていくだろう。

全ての人がこうした社会に適応しなさい、と言うのは過酷であり非現実的である。非情な競争社会の中で勝ち残れなかった人、疲れてしまった人、そうした競争社会を好まない人が、安心して、それなりに豊かに暮らしていける空間がこれからの日本には必要だ。その期待を担うための最有力候補が農村なのである。AI/IoT の革新技術を使って、農村の資源を最大限に活かし個々人が自身の事情に合わせて生活を送り、村内の人達が様々なレイヤーでコミュニケーションできる小世界を創ることができれば、農村に高齢化社会のラストリゾートを創ることができる。そして、ここまで述べたように、それはグローバル経済中で翻弄される日本人のラストリゾートともなる。

競争は最後に戻れるところがあってこそポジティブに臨めるものである。高齢者のラストリゾートとしての農村 DX は、次世代の日本社会の基盤にもなるのである。

6 農村DX実現戦略

(1) 農村DXを戦略的政策に位置付けるための三つの理念

農村DXの政策的位置づけ

　前章では、農村DXにより、農業と農村生活の双方に大きな変革が起きることを示した。

　高度経済成長期以降、農村の人材が次々と都市部に流入した。また都市と農村の経済格差が広がり、農村は残念ながら経済成長の重荷ともいえるレッテルを貼られてしまった。しかし、農村DXにより「儲かる農業」と「不便のない農村生活」が実現すれば、農村本来の魅力が存分に発揮されるようになる。都市と農村のそれぞれの長所を生かし、役割が再構成されることで、農村は経済的な荷物どころか、日本の経済・社会を支える重要な存在へと復権する。

　農村DXを推進し、農業と農村を変革させていくためには、以下の三つの理念を共有することが重要となる。

　① 日本の農村の未来を拓くのはDXである
　② 農村DXは日本としてのグローバル戦略商品になる
　③ 農村が日本の社会、産業のDXの発信地になる

　三つの理念について、それぞれ詳しく見ていこう。

①日本の農村の未来を拓くのはDXである

　これまでの農村振興政策は、農村の課題を対症療法にて穴埋めするような政策が多かった。つまり、補助金中心の政策だったと言える。しかし、全国の農村が疲弊していく中で、それを支えるための予算は増大し、国民の負担感が増す一方となってしまった。

DXによる農村の変革が重要なのは、農村の課題の解決だけにとどまらず、課題に埋もれて陽の当たらなかった農村本来の魅力を引き出すメカニズムを持っているからだ。それによって、農村は日本を支える力強い存在として再定義されるのだ。
　都市には都市の良さ、農村には農村の良さがある。国民それぞれが、自らの好み、ライフスタイル、ライフステージ、仕事に合わせて、都市居住と農村居住を自由に選択することができるようになれば、都市と農村の抱える問題の多くが解決に向かう。
　スマート農業は新たに農業を始める際のハードルを大きく引き下げる。シェアリングやアウトソーシングにより、農地、農機、農業施設等によって農村に縛りつけられることもなくなる。生活面においても、インターネット宅配やSNSの普及により、農村はもはや「陸の孤島」と揶揄される存在ではなくなっている。ライフステージに応じて、やりたい時に農業をやる、という新たなスタイルが生まれる。都市か農村か、一方に居住場所を固定する必要はなくなる。
　ヨーロッパの産業革命しかり、日本の近代化・工業化しかり、経済成長は農村から都市への人口流入に支えられてきた。しかし、農村DXにより、ヒトの流れは「都市⇔農村」という形で双方向化する。農村人口の維持、農村における経済活動の活性化、そして農村文化の継承のための切り札が農村DXなのだ。
　政府が推進する地方創生政策だが、様々な取り組みに横串を通す機能が欠けているとも言われている。農業と農村を一体化する農村DXは、まさに地方創生の中心に据えるべき戦略だ。

②農村DXは日本としてのグローバル戦略商品になる

　近年、アジア各国の経済成長が目覚ましい。中国の急発展はもとより、ASEAN各国の成長も目を見張るものがある。経済の失速が指摘されている中国だが、それでも欧米諸国や日本等の先進国と比べれば、格段に高い経済成長が続いている。2017年のASEAN5（インドネシア、

マレーシア、フィリピン、タイ、ベトナム）の実質GDP成長率も前年比＋5.3％であった。
　一方で、これらの国々は急激な経済発展の反動として、都市と農村の格差拡大に苦しんでいる。その格差は日本の比ではない。中国や東南アジアに行くと、都市部と農村部はまるで別の国のようだ。都市・農村の格差拡大は各国の政治の安定性に影を落としている。農村住民の不満が臨界点を超えると、国自体が不安定化するリスクをはらんでいる。各国の政権にとって、農村問題はいつ爆発するかわからない危険な爆弾だ。日本が農村DXによって農村を再浮上させることができれば、アジア各国にとって最良のモデルとなる。
　近年、アジア各国からの、スマート農業技術、6次産業化、再生可能エネルギー等を目的とした視察団が増えていると聞く。各国の熱い視線が日本の農村改革に注がれるようになっている。以前は、先進的な都市、活気ある商業施設、鉄道や空港等の交通インフラ、自動車産業をはじめとする工場等の視察が一般的だった。それが、日本の農村地域にヒントを求める動きが出てきているのだ。それだけ各国の農村対策は待ったなしの状況なのである。
　このように、アジア各国は日本のスマート農業技術に熱い視線を注いでいる。しかし、日本としていま売り込んでいくべきものは、スマート農業技術単品ではない。スマート農機や農業ロボットを輸出するだけでは大きな機会損失である。なぜならアジア各国は農業生産だけでなく、農村経済の振興や農村社会の魅力向上にも問題意識を持っているからである。つまり、スマート農業を含む、農村DX全体が売り物になるのだ。産業分野では、都市インフラ、交通インフラといったインフラ輸出が重要なキーワードになっている。農業・農村も同じ状況だ。まさに「農村」というコミュニティを丸ごと輸出することに、日本として大きなチャンスがある。
　農村DXの輸出では、スマート農機をはじめとする機器・デバイスに

加え、農業と農村生活を包括するデータプラットフォームもセットとなる。さらには、農業生産の知見・ノウハウや地域生活を支えるサービスといったソフトや文化も農村DXにパッケージ化される。まさに日本の農村が培ってきた経験そのものが商品となる。農村DXという仕組み自体を丸ごと輸出することができれば、日本農業は農産物輸出と並ぶ外貨獲得手段になるだけでなく、日本のソフトパワーとなる。

　農村DXという戦略商品を作り上げることができる国は限られている。なぜなら、農村DXは「地域の文化」と「先端技術」が混ざり合うことで生まれるからだ。いくら最新のデジタルデバイスとクラウドシステムがあっても、それを使いこなし価値に変えていく基礎がなければ意味がない。他産業を見てみると、自動車産業をはじめとする日本の工業が世界トップクラスになることができたのは、手作業を中心とした時代からのノウハウと経験の積み重ねがあったからである。工場管理の手法、質とモラルの高い従業員、日々のPDCAに取り組む企業文化、といったベースの上に、さまざまなメカ技術、デジタル技術を導入していったわけだ。

　農地や作物とともに歩み、自然の恵みと脅威に向き合い、地域住民が手を取り合って助け合い、消費者に対して安全で高品質な農産物を届ける、という成熟した農業文化、農村文化を持つ国は稀だ。また、日本の農村の教育水準の高さは世界的にも珍しい。新興国や発展途上国の中には、政治的な混乱や近隣国との紛争のため、日々の生活もままならない地域も散見される。

　文化と先端技術を兼ね備えた日本の農村DXは、日本特有の戦略商品となる。

③農村が日本の社会、産業のDXの発信地になる

　いま産業界ではDXがある種のブームとなっている。しかし、第4章で述べた社会の変革や価値の創造という本質的なDXはいまだ少なく、単なる業務改善に矮小化されているケースも散見される。

パート2　農村デジタルトランスフォーメーション

　産業界でDXが進みにくい要因は主に2点ある。まず、工業やサービス業が農業よりIT化が進んでいることが、逆にDXを阻害しているという点だ。これらの分野では様々なシステムが使われているが、多くの分野で業界標準はない状況である。大手銀行の合併の際のシステム統合でのトラブルを思い出してもらえれば分かりやすいだろう。ユーザーごと、システム企業ごとに独自仕様のシステムを作ってきたため、それらを束ねて全体をデジタル化するDXを困難にしているのだ。農業は不幸中の幸いというべきか、IT化が遅れていたため、ゼロベースに近い形で包括的なデジタル化を進められるメリットがある。

　二つ目が法規制だ。実社会への革新技術の導入には、安全面を始めとしたさまざまなハードルがある。自動運転技術を例にしよう。自動車の公道での自動運転では、他の車、周囲の歩行者や建物等とぶつからないように、万全の対策が求められる。かつ、車や歩行者も当然動いており、極めて高度な制御が必要である。そのため、限定的な実証実験から一歩一歩慎重に進められている。

　一方、農業は比較的自由度が高い。まず、農地が私有地であり、一定の広さがあることが大きい。他者が立ち入る可能性が低いため、リスクは公道での自動運転よりもはるかに少ない。そのため、農業分野では2018年に自動運転トラクターが商品化され、いち早く自動運転技術が社会実装された。

　このように、農村は日本におけるDXの試金石であり、トップランナーになれる可能性を秘めている。これまでの最新技術やトレンドは都市部から生まれてきたが、今後は農村がDXの発信基地へと変貌するのである。

(2) 農村DX実現のための6人のプレーヤー

農村DXをリードするDXメイヤー

　農村DXを実現するためには、農村内外に複数のプレーヤーが必要である（**図表2-6-1**）。
　農村内部には少なくとも3人のプレーヤーが必要となる。
　一人目は、農村DXをけん引するDXメイヤー（市町村長）である。DXに拘らず、自治体やコミュニティで新しい技術や仕組みを取り入れ、普及するためにはリーダーシップが欠かせない。公共の制度は不平等が起こらないように精緻かつ厳格に作られており、それを管理、実施する立場の公共団体職員には、第一義的に間違いのない業務執行が求められる。こうした制度、役割自体は妥当なものだが、杓子定規に役割を解釈することが、改革を阻む原因となった。また、公共団体が新しい制度に対して保守的になりがちだったことは、変化の激しい時代に地域の魅力を低下させることにもつながった。
　四半世紀にわたり公共団体に関わってきた立場から見ると、新たな制度、技術の導入を成し遂げた地域には、ほぼ例外なく、先見性と実行力を備えたリーダーがいた。市町村長がリーダー役を担うのが理想だが、助役、局長、部長といった自治体の経営層がリーダー役となった場合もある。
　したがって、国が政策として農村DXを進めるためにまずもって必要なのは、地域のリーダーシップであり、政策投入はリーダーシップの存在の有無を軸に判断すべきである。農村内においても、地域としてのリーダーシップをいかに確立するかという意識を持つことが必要だ。一人で事足りない場合には、複数の人材のチームワークでリーダーシップの機能を発揮できるような体制作りを検討すればいい。

DX技術普及のハブとなるDXマイスター

　農村内の二人目のプレーヤーは、農業を中心にDX技術の農村内伝導

者となるDXマイスターである。農村DX実現のためには、MY DONKEYのようなロボティクス、電気自動車、蓄電池、充電ステーション、発電システム、熱供給設備、直流家電、スマート農業のための分析アプリケーション、各種設備を操作するためのアプリケーション、コミュニケーション・情報基盤等、様々な技術、システムを使いこなさなくてはならない。住民一人一人が独自でこうした技術の使い方を習得するのは困難だ。また、技術を供給する側のメーカーやシステム会社も一人一人からの問い合わせに応えるのは労力的に大変だし、コスト的にも見合わない。

　こうした問題を解決するために有効なのが地域内での互助システムである。農村には農家として周囲の尊敬を集めていたり、技術の中心となっている方がいる。農業以外でも設備や技術に詳しく頼りにされているような方がいる。そうした方々を中心とする地域の結びつきが強いことが一般社会に対する農村の特徴である。農村DXではこうした農村特有の関係性が技術普及のソフトインフラとなる。彼らに農村DXの技術普及のハブとなってもらう意識を持ってもらい、例えば、マイスターなどの称号を与え、相互の連携を強めてもらい、DXメイヤーが彼らをサポートし、後述する外部からのサポートが彼らに集中されるようにするのである。その上で、村内の人達にDXマイスターを中心として技術やノウハウが普及するようなネットワークを作る。必要なら、サブマイスターを置くなどの段階的な仕組みを考えてもいい。

　こうした仕組みを作ることの効果は、技術導入の効率化だけに留まらない。DXマイスターから村内の人達にDX技術で地域を活性化しようという意識が伝播し、相互に励まし刺激し合う関係ができるからである。それは、次の時代に向けた農村の自助の力ともなる。

農村社会の再生の中心となるDXコミュニケーター

　農村内の三人目のプレーヤーは、農村内のコミュニケーションの中心となるDXコミュニケーターである。DXマイスターは農業技術や農村

のインフラ、施設等に関する技術・ノウハウの伝導者である。農村DXの実現に欠かせない存在であるが、技術の伝導だけで農村DXが実現する訳ではない。農村は働く場であると共に生活の場でもあるからだ。近年、都市開発の分野では働く場と住む場所が近接した職住近接が一つのコンセプトとなってきたが、農村はその元祖であり、職と住が切っても切り離せない状態にある空間なのである。つまり、DXによる農村の再生とは、職としての農業の再生であると共に、住の再生、コミュニティの再生でもあるのだ。

農村DXでは農業のような産業系のコミュニケーション、インフラなどの村内機能の維持管理のためのコミュニケーション、農産物などの交換のためのコミュニケーション、相談などのサポートのためのコミュニケーション、各種のイベントや趣味趣向のためのコミュニケーションなどが必要になる。これらがどのくらい活性化するかで農村DXが地域の活性化に結びつくかが決まる。そこでまず求められるのは、DXマイスターのような各カテゴリー別のリーダー的な役回りである。ここについてはDXマイスターのところで述べたように、既存のリーダー的な存在の人がDXに必要となる技術を身に着けてもらうことになる。その上で、もう一つ必要なのが、ネット上を中心にコミュニケーションの頻度などを見ながら、滞っているコミュニケーションに介入し、相談役になったりテコ入れ策を講じたりする役回りである。農村DXにおけるコミュニケーションのオーガナイザーのような機能と言える。

DX技術を支えるDXサポーター

以上の3人は、農村内でDXをリードしていく人材だが、農村の外部にもプレーヤーが必要だ。

その一人目となるのは、農村DXに必要となる機器、設備、システムを提供するDXサポーターである。DXについては今後も次々と新しい技術やシステムが開発される。それをいかにストレスなく農村内の人達が使えるようになるかが農村DXの成否の鍵を握る。しかも、過剰なコ

パート2　農村デジタルトランスフォーメーション

ストがかからないようにして、である。
　そのためには、①農村内のニーズに合った過不足の無い技術、システムが供給されること、②技術のインストール、維持管理のストレスがなく、過度に専門的な知見を要さないこと、③突発的なコストが掛からないこと、④技術の更新などにストレスがないこと、などが必要となる。一見すると、①が大事なように見えるが、ニーズに拘りカスタマイズが横行したことが高価でガラパゴス的なシステムを生んだという歴史もある。必要なのは、汎用のアプリケーションを最小のカスタマイズで使いこなせるシステムと、ユーザーの日常的なコミュニケーションを作ることである。
　そのために欠かせないのが、DXサポーターとDXマイスターの密なコミュニケーション、一般ユーザーへの日常的な技術、システムの情報提供である。農村全体の技術に対する感度とコミュニケーションを保ちつつ、技術の利用、更新を図っていくのである。DXサポーターは単なる技術の提供ではなく、そうした農村内の環境づくりについてもサポートした上で、専門的なメンテナンスなどのサービスを織り込んでいく。③については、将来的な利用も見込んだ上で、定常的な料金を支払ってもらい自由に技術、システムを使う環境を作る。サブスクリプション的な利用条件である。
　メーカーやシステム会社がこうした本格的なサービス提供会社に脱皮することも農村DXの要件と言える。

戦略作りを支援するDXアドバイザー

　農村外の二人目のサポーターは農村DXの戦略作りを支援するDXアドバイザーである。DXサポーターが技術やシステムをサポートすると言っても、それが有効かつ効率的に機能するには農村側から的確な利用条件を提示しなくてはいけない。また、DXサポーターがフェアな条件で農村と付き合ってくれているかを第三者的な目線で評価することも必要だ。これらを担うのが、農村DXのシステムの企画から運用までを一

貫して専門的な知見でサポートするDXアドバイザーである。しかし、PFI事業を立ち上げる際の技術、法務、財務からなるアドバイザーのようなやり方では、あまりにも高コストで時間がかかり過ぎる。一方で専門的な技術、システムを利用する以上、専門的な知見は欠かせない。

そこで考えられるのは三つの視点だ。一つ目は、オーダーメイドシステムを一切使わず、汎用品の組み合わせだけでシステムを構成することだ。汎用品の組み合わせであれば、システムを組み上げるための検討の負担は大きく下がる。二つ目は、汎用品を組み合わせたシステムの標準モデルと汎用品利用のためのプラットフォームを作ることだ。汎用品を組み合わせた標準モデルがあれば、多少カスタマイズして導入するのにそれほど大きな手間はかからない。三つ目は、複数のアドバイザーが定常的に関わりつつ、都度情報が公開される形でアドバイスを行うことだ。特定期間に公募を支援するPFIなどのアドバイザーは文書主義に基づく公募を前提とした業務だ。汎用品の組み合わせたシステムによる農村DXの環境整備に、文書主義を背景とした静的な取り組みは向かない。また、日々進化するDXの世界でシステムを築くには、完全公開かどうかは別にしても、多くの人の知見が取り込める体制があった方がいい。

政策の核となるDXポリシーオーガナイザー

農村外のサポーターの最後は、農村DXの政策を取りまとめるDXポリシーオーガナイザーだ。農村DXに関わる政策は多分野、多省庁の管轄にわたる。補助政策などを取り入れる場合も、様々な分野、形態の政策を捌かなくてはならない。そうした環境で農村のDX化という一つの目標に政策を収れんさせるには、予算や制度に関する権限を持つ複数の省庁の調整、説得を担い、政策を牽引するオーガナイジング、リーダーシップが必要だ。上述した標準モデル作りにも、こうした機能が欠かせない。

最近では、内閣府に特定の目的のために官民から専門的な知見を持っ

パート2　農村デジタルトランスフォーメーション

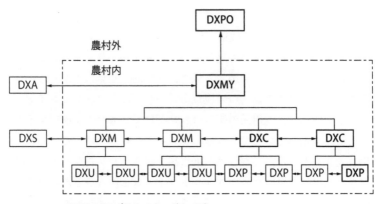

図表2-6-1　農村DXのプレーヤー

た人材が集められたプロジェクトチームが組成されるケースが増えているので、こうした機能自体は目新しいものではない。その上で、強いて上げるとすれば、民間人を非常勤的、あるいは委員会の委員的な立場で取り込むのではなく、欧米のように専属のプロジェクトメンバーとして取り込み実行力を強化することではないか。加えて、次世代指向に基づく農村再生に情熱を持つ有力な政治家が責任を持ってあたるようにすれば強力な推進力を作ることができる。

(3) 農村DXのパッケージモデルを創る
"デジタルトランスフォーメーション特区"

垣根を超えた農村DXパッケージを構築

　農村DXの最も重要なポイントは①農業と農村生活の間のデータ連携、②農業インフラと農村生活インフラの一体化の2点である。第5章で例示してきたように、AI/IoTの時代にはデータは分野の壁を軽々と超えていく。そして異なる分野のデータを統合することで、新たな価値とサービスが生まれる。その意味で、農村DXは様々なサービスやビジネスのチャンスの宝庫だ。スマート農業の代表的な事例の一つがドローンによる農地・農作物のモニタリングだ。そのセンシングデータを農業でしか使わないのはもったいない。農地に加えて、周囲の道路や用水路の画像も取得すれば、農業と生活インフラを丸ごとモニタリングできるようになる。効果も大きくなるし、データ取得に要するコストは大幅に低下する。

　農村での地域一括モニタリングは二つのアプローチで実現可能である。一つがJA、企業等が一括モニタリングを行うトップダウン型モデルだ。もう一つが、農業者の農場及び周辺部の個別のモニタリングデータを地域内で集約、統合するボトムアップ型モデルだ。

　農村の流通改善も重要なテーマである。第4章で述べたように、農業者が道の駅やJAへの往路は農産物を運び、復路は自分及び近隣住民の宅配便をまとめて持ち帰るというモデルを作り、地域内のラストマイルを担当することで、農産物と宅配双方の物流は大きく改善する。

　このような新たなコミュニティーベースのビジネスの実現には、二つのポイントがある。まずは農業のデータプラットフォームと運送業者のデータプラットフォームを接続（プラットフォーム間連携）し、農業者の出荷スケジュールと宅配のスケジュールをマッチングすることだ。

　もう一つが規制緩和である。現状の法制度では、農業者が「片手間」

で有料にて地域内の宅配（ラストマイル）を担うことはできない。貨物自動車運送事業法に基づき、国土交通大臣の許可を得なければならないからだ。人口密度が低い農村においては、住民参加型のサービスによる機能補完が重要である。

　これらのサービスは縦割りで提供されるのではなく、農業と農村生活に関係するサービス・機能を「農村DXパッケージ」として取りまとめた方が効率的で農家、住民のメリットもある。農業と農村を包括的にデジタル化することで生まれる農村DXパッケージを作れば、自治体が公共事業・サービスとしてすべてを背負いこむのではなく、企業・住民参加型のDXを実現することができる。民間や住民の活力を生かしたDXは行政のコスト低減だけでなく、地域の新たなビジネス創出にも大きく貢献する。

省庁間、官民をまたいだシームレスな農村DX政策

　従来の政策は、農業生産の振興は農水省が担う一方、生活インフラや行政サービスは他の省庁が担当してきた。例えば、道路インフラは国土交通省、エネルギーインフラは経済産業省（資源エネルギー庁）、高齢者向け支援は厚生労働省と担当省庁は多岐にわたる。

　各省庁が担ってきた農業、農村の活性化・支援政策だが、分野間で壁を作ってしまうと、全体最適が遠ざかる。農業者は地域住民であり、道路の利用者であり、エネルギーの需要家であり、時に高齢者でもある。住民側（農業者側）は同一なのに、生活シーンをぶつ切りにして支援政策を展開するのは違和感がある。

　農業や農村のデジタル化においては、さまざまな規制緩和が必要となる。自動運転農機を例にしよう。自動運転農機を本格普及させるためには、圃場と圃場の間の短距離の公道・農道移動の自動化が不可欠だ。小規模圃場が分散する日本の農業では、圃場間移動の頻度が高まる。複数台の自動運転農機を同時利用することになるが、各圃場で作業を完了するたびに農業者が自動運転農機の所まで駆け寄り、数メートルから10

数メートルの短距離を手動で運転し、また次のスマート農機の所まで走る、という滑稽な状況が起こりかねない。

農水省が管轄する農地内の自動走行と国土交通省の管轄する公道の自動走行をシームレスに規制緩和しなければ、実用性に欠ける。農地周辺の交通量は都市部と比べて極めて交通量が少ない。

農村におけるエネルギー自立圏に関しても省庁をまたいだ制度設計が欠かせない。従来、発電や電力供給のルール作りは原則として経済産業省（資源エネルギー庁）が担っており、農林水産省が主導できるのはバイオマスエネルギー等に限られていた。

農村DXでは、農業者・企業・自治体等が地域内のミニ電力会社となる。特にドローンや農業ロボットのような小型の電動農機に関しては、農業者が圃場に設置している系統接続できないような小規模な発電設備（小水力や小規模ソーラーシェアリング等）からの電力供給が有望だ。それにより、農業者間の再生可能エネルギーの融通が増加する。だが、農業者が現在の法規制の下で電力供給の許認可を得るのは非現実的だ。農林水産省と経済産業省が連携し、小規模な発電規模で、地域内の農業者向けに限り、自由な電力融通を認めることが実現のためのブレークスルーとなる。

杓子定規に全国一律のルールを適用するのではなく、農村の状況に合わせた包括的な制度設計が求められる。

特区、サンドボックス制度を活用した政策パッケージづくり

農村DXパッケージを構築し、実装するためには、省庁をまたいだ包括的な規制緩和が不可欠である。DXのスピード感を踏まえると、省庁間連携で各省庁が規制緩和を進めるやり方では間に合わない。

迅速かつ包括的な規制緩和のためには特区制度が有効である。特区には国家戦略特区や構造改革特区等、複数の枠組みがある。

国家戦略特区は、"世界で一番ビジネスをしやすい環境"を作ることを目的に、地域や分野を限定することで、大胆な規制・制度の緩和や税

制面の優遇を行う規制改革制度である。農業分野では、「企業による農地取得の特例」、「農家レストランの農用地区域内設置の容認」、「農業委員会と市町村の事務分担」等が定められている。

　構造改革特区は、自治体からの提案により、実情に合わなくなった国の規制を緩和し、これまでは事業化できなかったことを特別にできるようにする制度だ。近年は国家戦略特区と構造改革特区の一体的な運用も進められている。

　国家戦略特区では農業参入の規制緩和（兵庫県養父市等）、構造改革特区ではどぶろく特区等が設けられてきた。どぶろく特区とは、特区内の農業者が自家産米を仕込んでどぶろくを作り、自ら経営するレストランや民宿等で提供する場合等で、酒税法に定めた年間の最低醸造量条件を緩和するものである。これにより農業者の6次産業化の動きを後押ししている。

　地方自治体が主体となって申請する国家戦略特区や構造改革特区は、まるごとデジタル化、という農村DXの特徴と相性がよい。一方で、特区認定のためにはさまざまな手続きが求められ、認定までに要する時間も長い。特区申請をしている間に技術が陳腐化してしまっては元も子もない。

　IoTのような技術革新のスピードが速い分野では、「規制のサンドボックス制度（正式名称：新技術等実証制度）」（**図表2-6-2**）の活用が有望な選択肢となる。規制のサンドボックス制度とは、2018年に施行された生産性向上特別措置法に基づき新たに設けられた制度で、革新的技術・サービスを事業化する目的で、地域限定や期間限定で現行法の規制を一時的に停止するものだ。民間が申請主体となって、IoT、AI、ロボティクス等の先端技術を活用した新事業の立ち上げに関して、実証実験期間中に適用される。また、実証の成果を踏まえ、必要に応じて全国を対象とした規制の見直しがなされる。つまり技術と規制緩和の双方とトライアルと言える。

6 農村DX実現戦略

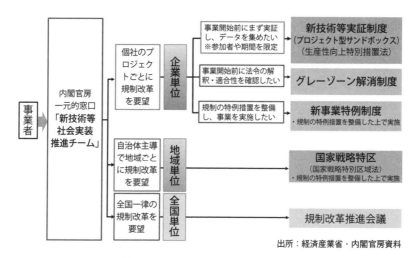

図表2-6-2　各規制改革スキームの関係

　ただし、規制のサンドボックス制度はIoT、AI等を生かした新たな仕組みの導入には適しているが、企業単位の申請のため、前述のような農村DXパッケージの導入には必ずしも十分ではない。農村DXを構成する各サービスは互いに連携し、それにより農業・農村全体をまるごとデジタル化しているからだ。

　規制のサンドボックス制度を効果的に活用するには、農村DXパッケージを取りまとめる民間の主体を設け、一体化したプロジェクトとして申請することになる。AI、ロボティクス等の基盤技術ごとに取りまとめてプロジェクト化することはできるが、さすがにすべてのシステム・サービスを一体化することは難しく、農村DXをいくつかのプロジェクト群に分割し、規制緩和の申請をする形となる。スピードが命のDXにおいて、若干の遠回り感は否めない。

　このように特区制度、規制のサンドボックス制度ともに、農村DXの推進には必ずしも最適とは言い難い状況である。農村DXでは、地方自

治体と企業と住民（農業者を含む）が一体となったデジタル化が肝となる。

　農村DXを実現するためには、農村地域にエリアを限定して規制のサンドボックス制度をいっそう柔軟に適用し、特定地域で一体的なパッケージを形成することができる「農村型規制のサンドボックス制度」を新設することが有効だ。「農村型規制のサンドボックス制度」では、地方自治体と企業を共同申請者とする。これによって、地域一体の取り組みが担保される。既存の特定のプロジェクトを対象とした規制のサンドボックス制度と異なり、革新技術を用いた複数のサービス・システムから構成される農村DXに関する規制を一括して一時停止する。

　農村DXのための柔軟性が高く大胆な制度設計は、多くの課題に苦しむ農業・農村を救う地方創生の切り札となる。

(4) 農村DXをインキュベーションセンターに

インキュベータのための仕掛け

第5章では農村DXには新事業やベンチャービジネスを立ち上げる「場」となるポテンシャルがあることを指摘した。しかし、いかに先進的な技術やシステムを導入し、様々なサービスのニーズがあるからと言って、黙って見ていて、次々とビジネスが立ち上がる訳ではない。新事業やビジネスが立ち上がるためには、農村が孵化器、インキュベータとなるための仕掛けが必要である。

アメリカは言うまでもなくベンチャー企業のメッカだ。筆者は自身がベンチャー企業の設立に関わったこともあるし、アメリカのベンチャーシステムを勉強していたこともある。最近では、アメリカを追うベンチャーの国になろうとしている中国に毎月足を運んでいる。そうした経験を振り返ると、ベンチャー企業が次々と生まれるためにはいくつかの条件が必要であることが分かる。

一つ目は、起業の文化があることだ。世間が保守的でもベンチャー企業を立ち上げる人はいるが、それだけでは後が続かない。ベンチャー企業が社会システムを支えるようになるためには、多くの人が起業を考えるコミュニティとしての文化が必要である。

二つ目は、そうした文化の中でも起業をリードする人材がいることだ。起業を考える人の背中を押す大きな要素は先達の活躍である。また、ベンチャーの世界では成功者が後進の支援に当たることが一般的である。

三つ目は、起業家を支援する機能があることだ。起業とは法制度に則って会社を設立することであり、そのためには制度に即した手続きと資金を集めるための事業計画が必要である。専門的な知見が身近で分かり易い形で得られる環境づくりが欠かせない。

四つ目は、常時、起業のための人材、資金、提携者、支援が集まり、

起業家同士がコミュニケーションできるようなエコシステムがあることだ。ベンチャー企業設立の情報を耳にしたり、参加の声掛けがあれば、容易に協力者と資金が集まる環境があるかどうかで起業のハードルは変わる。

スモールスタートを農村DXベンチャーの起点に
　農村DXでベンチャー企業が生まれる場合にも、こうした条件を満たすことが必要であるのは基本的に変わらない。一方で、農村DXから、株式上場を目指すようなベンチャー企業が次々と立ち上がるべき、と言うのは、本書で述べた農村DXの趣旨にそぐわない面がある。農村DXで次々とベンチャー企業が生まれることの一番の意義は、コミュニティの中で生まれるニーズを、コミュニティの人達がサービスの機会と捉える、自立的な姿勢にあるべきだ。そのために大事なのは、小さなことでもサービスとなるように手掛けてみよう、というスモールビジネスの発意である。その結果得られる報酬が家計を補う程度のものでも構わない。身近な機会をサービス提供と収入の確保、さらにはコミュニティへの貢献のきっかけにする、というハードルの低さが農村DXでベンチャー企業が次々と生まれる環境ができるためのポイントとなる。それは、経済志向のベンチャー企業ではなく、農村社会を支える社会起業家の延長としてのベンチャー企業立ち上げを目指す、と捉えることもできる。

　そこで、経済的な意味で後進を惹きつけるのは、投資としての経済成果というより、小遣い稼ぎ、付加的な生活の余裕や遊び、である。もちろん、身近なサービスを始めた人が経済的な意欲を高めて、他地域にサービスを展開して事業を拡大することは大歓迎だ。そうして成功する人が出てくれば、後に続こうと経済的な目線を上げる人も増えてくるはずだ。しかし、日本の地方部の現状を考えると、まずはスモールスタートの奨励を起点としてベンチャー企業が活躍する農村DXを目指していくべきではないか（**図表2-6-3**）。

スモールスタートの宝庫としての農村DX

そう考えると農村DXの中には色々なスモールスタートのきっかけがある。旧来の農村の枠組みなら、民家の修理、農地の整備、農産物の集出荷、農産物の加工、高齢者の介護等、農村DXの枠組みを加えれば、農機などのシェアリングのためのメンテナンス業務、発電設備のメンテナンス、蓄電池ステーションの管理、蓄電池の運搬、バイオマスの収集、古民家の管理、データを使った栽培のためのアプリ開発等である。

要するに、何らかの形で人の手が必要であったり、サポートを求める人がいれば、サービスとして提供する可能性がある。それを旧来の農村のように無償で提供するのではなく、貨幣でも地域通貨でもいいが、対価をもってやり取りするようになれば、そこにスモールビジネスが生まれる。そして、特に農村DXに関するものについては、サービスの提供体制をシステムマティックにして、地域の中でのシェアを高めて、地域外にも展開すれば本格的な収益事業に発展する可能性がある。革新技術を取り込めば、通常のベンチャーキャピタルや大企業、金融機関の資金を取り込めることもある。つまり、農村の自立を目途としたスモールビジネスを出発点として、地域に密着した仕組みを強みとして経済的な成功を目指すベンチャー企業が出てくる、という展開を農村DXのベンチャービジネスの理想像とするのである。

農村DXで求められるインキュベータ機能

農村DXでベンチャー企業を支援するインキュベータには、事業計画、契約、財務、事業提携などといった通常のベンチャー企業立ち上げのための専門知識より、身近な相談相手としての機能が重要になる。家計を補完するくらいの規模のスモールスタートであれば、緻密な計画や財務は不要だから、事業を立ち上げる人の最大の関心事は、どのような内容のサービスを提供し、どのように収入を得る仕組みとし、どのように顧客を獲得していくかに尽きる。「こんなことをしてみたい」と思っている人が気軽に訪れ、上記のような点を親身に易しく話し合える存在

が農村DXのインキュベータである。

　ハードルを下げた起業のために有効なのがインターネットを使ったインキュベータ機能である。チャットなどの対話アプリを使って、ちょっとしたアイデアや、やる気を持った人が気軽にアクセスできる相談窓口機能を作るのである。ネット上の相談窓口を設けることのメリットはいくつかある。

　一つ目は、誰に気を遣うことも、時間を気にすることもなく、相談してみようと思い、実践できることだ。

　二つ目は、地域外の専門的な知識や経験を持った人に相談に乗ってもらえることだ。日本では事業化に関わる専門家が大都市に集中しているため、地方部で専門的な助言を受けるためにはインターネットを活用するのが一番である。

　三つ目は、効率性が高いことだ。事業に関する専門的な知見を持った人に助言を受けるためのコストは高いので、スモールスタートのビジネスが負担するのは難しい。インターネットであれば、一件当たりの相談コストを下げることができる上、将来的にはAIを使って基礎的な質問に対応することもできるようになる。

　四つ目は、色々な人の助言を受けられることだ。事業に対して有用なアドバイスができるのは弁護士やコンサルタントだけではない。事業経験者や技術者等がより実践的な助言をしてくれる場合もある。多くの人が関われる環境が、ベンチャー企業立ち上げのためのエコシステム作りにつながる。

　インターネット上に相談機能を設けた上で必要なのは、フェース・トゥ・フェースで支援してくれる人材である。心配事に応えたり、潜在顧客や提携先とのマッチングを支援するためには親身になって支援してくれる人の存在が欠かせない。その人に必要なのは事業化に関する専門的な知識ではなく、親身になれるパーソナリティや潜在顧客や提携先などのネットワーク、あるいはコミュニケーション能力である。専門知識

6 農村DX実現戦略

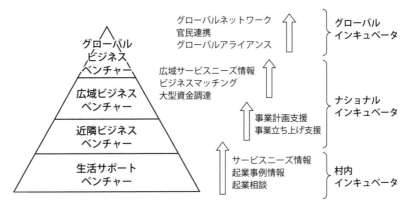

図表2-6-3　農村DXのインキュベータ構造

については、むしろ謙虚にインターネット上の専門家に助言を求めるくらいでいい。

　資金調達についてもスモールスタートに適した環境を作りたい。農村を支えたいと思っている日本人はたくさんいる。そこでコミュニティのためのスモールビジネスを立ち上げるとなれば、支援を申し出る人は少なからずいるはずだ。そうした気持ちをクラウドファンディングでの調達という形で反映してもいい。また、地域振興には今でも一定の資金が投じられているから、地域の自立を理由に公的資金を原資とした少額投資が行われてもいい。いずれにしても、投資である以上、信頼感のある事業を対象とするために、オープンなインキュベータの仕組みを使って複数の角度からの事業評価を行いたい。

　地域のニーズに地域の人がサービスで応える、というスモールスタートを理念とすれば、ここに述べた外にも色々なアイデアが出てくるはずだ。

パート2　農村デジタルトランスフォーメーション

(5) サステイナブル農村の実現

SDGsの観点から見た農村DXの重要性

　近年、「SDGs（Sustainable Development Goals、持続可能な開発目標）」という言葉が注目されている。SDGsブームと呼べるほど様々なメディアで頻繁に取り上げられ、産業界においても多くの企業が重要な経営課題に掲げている。SDGsとは、2001年に策定されたミレニアム開発目標（MDGs）の後継として、2015年9月の国連サミットで採択された「持続可能な開発のための2030アジェンダ」に記載された2016年から2030年までの国際目標である。

　SDGsは、持続可能な世界を実現するための17のゴール・169のターゲットから構成されている。（**図表2-6-4参照**）農業も多くのゴールに関係している。例えば、スマート農業は「⑨イノベーション」や「⑧成長・雇用」に、バイオマスの活用は「⑦エネルギー」に、農業分野での

図表2-6-4　SDGsの17の国際目標

女性活躍推進は「⑤ジェンダー」に、食品ロス低減は「②飢餓」に、と多くのゴールに関係している。

本書で提唱してきた農村DXはさらにカバーする範囲が広い。持続的で儲かる農業を実現し、また日本経済のラストリゾートの役割も担う農村DXは、都市・社会・保険・貧困・不平等といった切実な課題にも好影響をもたらす。工業やサービス業では、SDGsは「対応しなければならない」取り組みとして捉えられている節があるが、農業において、SDGsは農業、農村が持つポテンシャル・本質的な価値に光を当てるチャンスである。

サステイナブル・インフラに立脚した「持続的で儲かる農業」

「儲かる農業」という言葉に対して、資本主義的な考えで古くから続く農業とはなじまない、との意見も聞く。確かに、アメリカやオーストラリアのような農業大国の超大規模農業は極めて資本主義的だ。だが、筆者がこれまでのさまざまな著書を通して提唱してきた「儲かる農業」は、そのような農業とは別物だ。次世代農業、アグリカルチャー4.0とは、短期志向で利益至上主義の「儲ける農業（儲けることが目的）」ではなく、自然と調和し、農業者が誇りをもって営める「儲かる農業（結果的に儲かる）」である。

SDGsの重要性が叫ばれる昨今、農業もより一層持続的な産業とならなければならない。その意味における儲かる農業の本質は、自然と地域とヒトの持つポテンシャルを引き出すことにある。そこで地域の長所を生かしたサステイナブル・インフラを構築することができれば、地域の農業と農村の強みとなる。

第5章（6）で述べたような住民参加型の3Rがその典型例だ。栃木県茂木町は住民参加により3Rを実現し、その活動から生まれた美土里堆肥を生かして地域の農産物のブランド化に成功した。茂木町の堆肥化の取り組みは、単なる環境対策ではなく、地域経済と農業者の経営を向上させる効能を持っている。地域の3Rにより、農業者が地域外から購入

する肥料や土壌改良剤を減らし、地域でお金が回るようになる。加えて、農産物の生産量向上とブランド化による単価向上が図られ、農業者の収入が増加する。地域全体で持続可能な農業モデルを展開し、それによって都市部から外貨を獲得するという、これまでの逆のキャッシュフローが実現する。

　第5章（5）では再生可能エネルギーを活用したエネルギー自立圏を提唱した。地域に点在するバイオマス発電、小水力発電、太陽光発電（ソーラーパネルの下で農作物を育てるソーラーシェアリングを含む）等を活用することで、農村内でのエネルギーの自給自足が実現する。3Rと同様に、地域外へのキャッシュアウトが減り、地域でお金が回るようになるので、サービス業等の地域産業が結果として潤う。

　スマート農業による農業者の所得向上と、サステイナブル・インフラによるコスト低減により、農業は持続的で儲かる産業となる。

自立型農業による経済的サステイナブル・ライフの実現

　サステイナブル・ライフというと質素で慎ましやかな生活をイメージするかもしれないが、ここでいうサステイナブルとは節約に節約を重ねる、という自己犠牲的な考えではない。時に耳にする、「江戸時代に戻ろう」、「原始時代に戻ろう」的な非現実的な考えでもない。農村生活を豊かに過ごすための概念だ。農村にあるバイオマスを始めとしたさまざまな資源を効果的に活用し、経済的にも環境的にも持続的な生活スタイルを築くのである。

　農村生活は都市生活に対して生活費を抑えることができる。家賃や駐車場代は都市の数分の一の水準である。また、地域住民間での農産物のおすそ分けや物々交換も盛んだ。物々交換は非常に経済的な調達手段である。都市の消費者は流通マージンが含まれた小売店の店頭価格で農産物を購入するが、物々交換ではお互い原価ベースで交換するため、食材費は大きく下がる。

　総務省の平成26年全国消費実態調査（**図表2-6-5**）によると、二人以

6 農村DX実現戦略

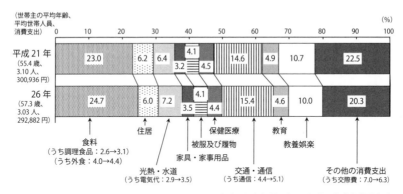

図表2-6-5 二人以上の世帯の家計

上の世帯の家計では、消費支出のうち食費が24.7％、住居費が6.0％となっており、両者で全体の1/3近くを占めている。農村部ではこの二つが大きく抑えられるため、平均所得では都市部に敵わなくとも、可処分所得は相対的に高まり、余裕ある生活を送ることができる。かつては日用品や衣料品等は地方部の方が高いから、生活コストはさほど下がらないとも言われていたが、インターネット販売によって、島しょ部を除き、不利さはほぼ解消された。今後運送効率の低い地方部では配送料が値上げされる可能性もあるが、第3節で述べたような農業者によるラストマイルが実現すれば、そのようなリスクも回避できる。

都市には都市の、農村には農村の"豊かな"ライフスタイルがある。どちらが上ということではない。私たちはそれぞれの好み、ライフステージ、夢や目標に合わせて、適宜好きな方を選択すればよい。

農村内ネットワークと農村サポーターによるサステイナブル・コミュニティの実現

農村DXを支える重要な要素が農業者参加、住民参加である。農業は古くから住民参加型の産業であり、コミュニティと一体化してきた。農

村は伝統的に協力・相互扶助の精神を持っている。伝統的な農村コミュニティでは、田植えや稲刈り等の農作業や、用水路や畦畔の管理を共同で行ってきた。また、「入会地」という仕組みも特徴的である。入会地とは、コミュニティが総有した土地で、薪炭・用材・肥料用の落葉・キノコを採取する入会山、カヤなどを採取する草刈場がある。

　経済発展した現代において、かつての共同作業や入会地等の仕組みをそのまま適用するのは難しい。そのエッセンスを基に、AI/IoTを活用して現代版にアレンジすることが重要である。前章で提示したような、農機のシェアリング、農作業のアウトソーシング、地域での再生可能エネルギーの利用、住民参加型の3R等の根底にあるのは、労力がかかる田植や稲刈りを共同で実施してきたのと同様の協働の精神だ。

　DXされた農村には三つのネットワークがある。データのネットワーク、インフラのネットワーク、そして住民のネットワークだ。三つのネットワークは相互に連携し、時に補完する。AI/IoTの普及により、古来の農村になかったデータネットワークを構築すれば、旧来の農村より緊密な地域内連携が可能となる。例えば、系統接続を前提とすると経済性が全くないない小規模な再生可能エネルギーでも、地域の住民・農民が農作業や農作物運搬の際にEV軽トラック・ドローン・農業ロボット等を発電設備まで移動させて現場で充電できるようにすれば、その人なりのメリットがある。

　AI/IoTのような革新技術であっても、農村と農業者が培ってきた連携の心は大きな強みになる。農村DXの実現の秘訣がここにある。当初から完璧なシステムを構築できなくても、農業者・住民が連携して足りない機能を補ってくれる伝統的な補完構造があることが、農村こそDXの先駆者となれる所以である。

　農村DXは長い農業の歴史を否定するものでは決してない。農業・農村が培ってきた文化・精神と、AI/IoTという革新技術が融合することで生まれる、農村の新たな姿なのだ。

【著者プロフィール】

三輪　泰史（みわ　やすふみ）

1979年生まれ。広島県福山市出身。
2002年、東京大学農学部国際開発農学専修卒業。2004年、東京大学大学院農学生命科学研究科農学国際専攻修了。同年株式会社日本総合研究所入社。現在、創発戦略センター・エキスパート。農林水産省「食料・農業・農村政策審議会」委員、農林水産省系官民ファンド・株式会社農林漁業成長産業化支援機構（A-FIVE）社外取締役、国立研究開発法人農業・食品産業技術総合研究機構（農研機構）アドバイザリーボード委員長をはじめ、中央省庁・地方自治体の有識者委員等を歴任。
専門は、農業ビジネス戦略、農村・地域活性化、農産物のブランド化、スマート農業等の先進農業技術、日本農業の海外展開。
主な著書に『IoTが拓く次世代農業—アグリカルチャー4.0の時代—』『次世代農業ビジネス経営』『植物工場経営』『グローバル農業ビジネス』、『図解次世代農業ビジネス』（以上、日刊工業新聞社）、『甦る農業—セミプレミアム農産物と流通改革が農業を救う』（学陽書房）ほか。

井熊　均（いくま　ひとし）

株式会社日本総合研究所
専務執行役員　創発戦略センター所長

1958年東京都生まれ。1981年早稲田大学理工学部機械工学科卒業、1983年同大学院理工学研究科を修了。1983年三菱重工業株式会社入社。1990年株式会社日本総合研究所入社。1995年株式会社アイエスブイ・ジャパン取締役。2003年株式会社イーキュービック取締役。2003年早稲田大学大学院公共経営研究科非常勤講師。2006年株式会社日本総合研究所執行役員。2014年同常務執行役員。2017年より現職。環境・エネルギー分野でのベンチャービジネス、公共分野におけるPFIなどの事業、中国・東南アジアにおけるスマートシティ事業の立ち上げ、などに関わり、新たな事業スキームを提案。公共団体、民間企業に対するアドバイスを実施。公共政策、環境、エネルギー、農業、などの分野で70冊の書籍を刊行するとともに政策提言を行う。

木通　秀樹（きどおし　ひでき）
株式会社日本総合研究所
創発戦略センター　シニアスペシャリスト
1964年生まれ。97年、慶応義塾大学理工学研究科後期博士課程修了（工学博士）。石川島播磨重工業（現IHI）にてニューラルネットワーク等の知能化システムの技術開発を行い、各種のロボット、環境・エネルギー・バイオなどのプラント、機械等の制御システムを開発。2000年に日本総合研究所に入社。現在に至る。環境プラント等のPFI／PPP事業では国内初となる事業を多数手がけ、スマートシティなどの都市開発事業を実施。また、農業ロボット、自動運転、エネルギーマネジメント、資源リサイクル、再生可能エネルギー等の社会インフラIoTの新事業開発、および、再生可能エネルギー、水素等の技術政策の立案等を行う。著書に「大胆予測　IoTが生み出すモノづくり市場2025」、「IoTが拓く次世代農業　アグリカルチャー4.0の時代」、「公共IoT-地域を創るIoT投資」（共著、日刊工業新聞社）など。

アグリカルチャー4.0の時代
農村DX革命

NDC611

2019年4月22日　初版第1刷発行

（定価はカバーに表示してあります）

　　©著　者　　三輪　泰史
　　　　　　　　井熊　　均
　　　　　　　　木通　秀樹
　　発行者　　　井水　治博
　　発行所　　　日刊工業新聞社
　　　　　　　　〒103-8548　東京都中央区日本橋小網町14-1
　　電　話　　　書籍編集部　03（5644）7490
　　　　　　　　販売・管理部　03（5644）7410
　　FAX　　　　03（5644）7400
　　振替口座　　00190-2-186076
　　URL　　　　http://pub.nikkan.co.jp/
　　e-mail　　　info@media.nikkan.co.jp
　　企画・編集　新日本編集企画
　　印刷・製本　新日本印刷㈱

落丁・乱丁本はお取り替えいたします。　　2019　Printed in Japan
　　　　　　　　　ISBN 978-4-526-07973-3
本書の無断複写は、著作権法上の例外を除き、禁じられています。

●日刊工業新聞社の好評書籍●

中国が席巻する世界エネルギー市場
リスクとチャンス

井熊 均、王 婷、瀧口信一郎 著
定価(本体2,000円+税)　　ISBN978-4-526-07921-4

アメリカと中国の貿易問題、情報問題がヒートアップ、二大超大国間の摩擦に世界中の人々が固唾をのんで行方を見守っている。背景にあるのは、急速に技術、産業開発で大きな力を付けた中国の台頭である。本書は中国脅威論や技術収奪の問題を問うのではなく、エネルギー分野において大変なポテンシャルを持った中国という国を認識し、日本がどう付き合っていくのかを問うことを目的としたものである。再生可能エネルギー、従来型エネルギーにおける中国企業の躍進とそれを支えた政策構造等を整理、将来の日本が築くべきエネルギー分野における協同策とは何かを提示する。

公共IoT
地域を創るIoT投資

井熊 均、井上岳一、木通秀樹 著
定価(本体1,800円+税)　　ISBN978-4-526-07899-6

Society5.0は自動化やIoT導入など産業・ビジネス分野を中心に進んでいる。しかし、一方で、取り残される層や地域を生み出し、地方部では不満と不安が高まっている。本書は、日本が次世代型の成長を実現するために地域を底上げする施策として、公共分野へのIoT投資がカギになることを提案する。地域に安心と希望をもたらための新たな市場の創出や日本の競争力向上策を披露する。

IoTが拓く次世代農業
アグリカルチャー4.0の時代

三輪泰史、井熊 均、木通秀樹 著
定価(本体2,300円+税)　　ISBN978-4-526-07617-6

「農作業者の所得水準の低さ」という本質課題を解決するため、農業ロボットを含めたIoTの活用により農作業者を重労働から解放し、所得を格段に引き上げ、付加価値の高い創造的な仕事へと導く。そのような農業の姿を第4次農業革命と称し、そこに導入される先進技術や農業IoTシステムの全体像、新ロボットシステムの概念、ビジネスモデルを披露する。